Tikendra Kumar Yadav
R.S. Choudhary
Nupur Sharma

Gestão de infestantes com herbicidas no milho

Tikendra Kumar Yadav
R.S. Choudhary
Nupur Sharma

Gestão de infestantes com herbicidas no milho

Controlo químico de ervas daninhas

ScienciaScripts

Imprint

Any brand names and product names mentioned in this book are subject to trademark, brand or patent protection and are trademarks or registered trademarks of their respective holders. The use of brand names, product names, common names, trade names, product descriptions etc. even without a particular marking in this work is in no way to be construed to mean that such names may be regarded as unrestricted in respect of trademark and brand protection legislation and could thus be used by anyone.

Cover image: www.ingimage.com

This book is a translation from the original published under ISBN 978-3-659-89455-8.

Publisher:
Sciencia Scripts
is a trademark of
Dodo Books Indian Ocean Ltd. and OmniScriptum S.R.L publishing group

120 High Road, East Finchley, London, N2 9ED, United Kingdom
Str. Armeneasca 28/1, office 1, Chisinau MD-2012, Republic of Moldova, Europe
Printed at: see last page
ISBN: 978-620-7-95278-6

Índice:

Manejo de ervas daninhas com herbicidas em milho *(Zea mays* L.)
TIKENDRA KUMAR YADAV
2017

RECONHECIMENTO

É com orgulho que tenho o privilégio de expressar a minha sincera e profunda gratidão ao Dr. R. S. Choudhary, conselheiro principal e professor assistente do Departamento de Agronomia, RCA, Udaipur, pela sua orientação estimulante durante o curso da presente investigação, bem como pelas suas correcções construtivas e pelos seus esforços árduos na finalização do manuscrito. Foi graças à sua extraordinária atitude de ajuda, ao seu comportamento amigável e ao seu encorajamento persistente, à sua paciência admirável, aos seus conselhos amigáveis e à sua extrema atenção pessoal que consegui realizar esta tarefa.

Gostaria de registar os meus sinceros agradecimentos aos membros do comité consultivo; Dr. V. Nepalia, Professor (Agronomia), Dr. Gajanand Jat, Professor Assistente (Ciência do Solo) e Dr. Natwar Sinhg Assos. Professor (Melhoramento e genética de plantas) e nomeado pela DRI pela sua generosa ajuda, sugestões valiosas e orientação necessária no planeamento e execução deste estudo.

O autor está em dívida para com o Dr. V. Nepalia, Professor e Diretor do Departamento de Agronomia, e o Dr. R.C. Tiwari, Professor e ex-Chefe do Departamento de Agronomia, Faculdade de Agricultura de Rajasthan, Udaipur, por terem disponibilizado instalações e sugestões valiosas durante a investigação. Estou grato ao Dr. Dilip Singh, Professor (Agronomia), por disponibilizar instalações de investigação no AICRP sobre o milho.

Tenho o privilégio de exprimir a minha sincera e profunda gratidão ao Dr. R. Swaminathan, Diretor da Faculdade de Agricultura de Rajasthan, Udaipur, pelas suas sugestões sempre disponíveis e pela disponibilização das instalações necessárias durante o curso da investigação.

Gostaria de apresentar os meus sinceros agradecimentos ao Dr. S.L. Mundra, ao Dr. M.K. Kaushik, ao Dr. S.K. Sharma, ao Dr. Arvind Verma, ao Dr. N.S. Solanki, ao Dr. P.C. Chaplot, ao Dr. L.N. Dashora, ao Dr. J. Choudhary, ao Dr. Roshan Choudhary e ao Dr. H.K. Sumeriya e a todo o pessoal do Departamento de Agronomia pela ajuda direta ou indireta durante a investigação. Agradeço igualmente a todos os membros do pessoal da secção de estudantes pelo apoio prestado durante o meu curso.

Gostaria de agradecer sinceramente aos meus superiores Abhishek Singh, Ganesh Chourisia, Kendra Pal, Hans Ram Mali, Sontara, Priyanka Kumawat, aos meus amigos Sonu, Akhilesh, Prabhat, Kaushal, Bachchu, Surja, Bhojraj, Manish, Manoj, Nupur, Anmol, Pragya, Sunita, Ranjana, Sheela Yadav e os meus amigos Dixit, Devendra e Rajkumar por me terem ajudado nos momentos críticos.

Dedico carinhosamente esta dissertação ao meu Nanaji Shri Bhagwati Prasad Yadav pelo seu apoio moral e financeiro. Ficarei sempre em dívida e apreciarei afetuosamente as bênçãos e os bons desejos do meu querido pai Shree Ram Gopal Yadav, da minha mãe Smt. Radhika Devi, dos meus irmãos Udai Raj Yadav, Dinesh Yadav e Yaduvendra Yadav, das minhas irmãs Miss. Manisha Yadav, que me deram de presente a quilómetros de distância, e que foram para mim fontes constantes de inspiração.

Manejo de ervas daninhas com herbicidas em milho (*Zea mays* L.)

Tikendra Kumar Yadav

Bolseiro de

Dr. R. S. Choudhary

investigaçãoOrientador principal

RESUMO

Uma experiência de campo intitulada "Gestão de ervas daninhas com herbicidas no milho (*Zea mays* L.)" foi realizada na Fazenda Instrucional, Faculdade de Agricultura de Rajasthan, Udaipur, durante a *kharif* 2016. A experiência consistiu em dez tratamentos (controlo de ervas daninhas, sem ervas daninhas, atrazina 1,5 kg ha[1] PE, atrazina 0,75 kg ha[1] + pendimetalina 0,75 kg ha[1] PE, atrazina 1,5 kg ha[1] PE *fb* 2, 4-D 0,4 kg ha[1] PoE a 25 DAS, halossulfurão 0,09 kg ha [1] PoE aos 25 DAS, atrazina 1,5 kg ha[1] PE *fb* halossulfurão 0,09 kg ha[1] PoE aos 25 DAS, tembotriona 0,12 kg ha[1] PoE aos 25 DAS, pendimetalina 1.0 kg ha[1] *PEfb* atrazine 0.75 kg ha[1] + 2,4-D amine 0.4 kg ha[1] PoE a 25 DAS, atrazine 1.5 kg ha[1] PE *fb* tembotrione 0.12 kg ha PoE a 25 DAS). Estes dez tratamentos foram replicados três vezes num esquema de blocos aleatórios.

Todos os tratamentos de controlo de ervas daninhas resultaram numa redução significativa da densidade e da matéria seca de ervas daninhas largas e gramíneas e do total de ervas daninhas em diferentes fases de crescimento da cultura do milho. A eficiência máxima de controlo das ervas daninhas em todas as fases de crescimento foi encontrada em condições de ausência de ervas daninhas, o que era esperado. Entre as práticas de gestão de ervas daninhas com herbicidas, a eficiência máxima de controlo de ervas daninhas aos 30 e 60 DAS foi de 90,97 e 81,04 por cento, respetivamente, com a aplicação de atrazina 0,75 kg ha[1] + pendimetalina 0,75 kg ha[1] mistura PE. O acúmulo máximo de matéria seca da cultura aos 30, 60 DAS e na colheita foi obtido por 18,67, 64,60 e 208,00 g de planta[1] respetivamente, com a aplicação de atrazine 0,75 kg ha[1] + pendimethalin 0,75 kg ha[1] mistura PE.

Os atributos de rendimento (número de espigas de grão[1] , número de plantas de espiga[1] , comprimento da espiga, perímetro da espiga, peso de teste e percentagem de descasque) foram maximizados sob o efeito da mistura de atrazina 0,75 kg ha[1] + pendimetalina 0,75 kg ha[1] PE.

O rendimento (grão, palha e biológico) do milho aumentou significativamente sob controlo sem ervas daninhas em relação ao controlo com -1 ervas daninhas. Entre os vários tratamentos de controlo de ervas daninhas, a atrazina 0,75 kg ha

*

Bolseiro de Investigação M.Sc., Departamento de Agronomia, Escola Superior de Agricultura de Rajasthan, MPUAT, Udaipur-313 003

Professor Assistente , Departamento de Agronomia, Escola Superior de Agricultura de Rajasthan, MPUAT, Udaipur-313 003

+ pendimetalina 0,75 kg ha A mistura PE registou um rendimento máximo de grão, rendimento de palha, bem como rendimento biológico de 4510,67, 6989,00 e 11499,67, respetivamente.

Como resultado de vários tratamentos, a atrazina, 0,75 kg ha[1] + pendimetalina 0,75 kg ha[1] PE deu retornos líquidos máximos[7] 65346 ha ₁ e foi encontrado a par com o tratamento sem ervas daninhas " 63574 ha ₁ e foi 749,99 por cento maior do que a verificação de ervas daninhas[7] 7688 ha ₁ e a maior relação B C de 3,37 foi encontrada sobre o resto dos tratamentos.

Capítulo 1

1. INTRODUÇÃO

O milho *(Zea mays* L.) é a terceira cultura cerealífera mais importante do nosso país. Em 2015, ocupou uma área estimada de 8,67 m ha, com uma produção de 23,67 m t e uma produtividade média de 2557 kg ha[1] . No Rajastão, esta cultura ocupou uma área de 0,99 m ha com uma produção de 1,60 m t e uma produtividade de 1771 kg ha[1] (Govt. of India, 2015).

É a única espécie cultivada do seu género e pertence à família das gramíneas poaceae (gramineae). É uma planta monóica que desenvolve inflorescências com flores unissexuais que são sempre produzidas em partes separadas da planta. A inflorescência feminina, ou seja, a espiga, nasce dos ápices dos botões auxiliares e a inflorescência masculina, ou seja, a borla, desenvolve-se a partir do ponto de crescimento apical no topo da planta. O milho pode ser cultivado numa vasta gama de condições climáticas do mundo devido à sua maior adaptabilidade (Chennankrishnan *et al.,*

2012). Trata-se principalmente de uma cultura *de* sequeiro, que é semeada imediatamente antes ou com o início da monção e é colhida após a retirada da monção. É popularmente designada por "Rainha dos Cereais" devido ao seu elevado potencial de rendimento genético, superior ao de qualquer outro cereal (Kannan *et al.,* 2013).

É cultivado tanto para grão como para forragem. O milho é uma cultura versátil, com uma vasta gama de utilizações, desde produtos industriais a preparações alimentares, bem como para consumo humano direto, *como* **pão, biscoitos, bolachas ou transformado em flocos de milho, sopa, doces frescos torrados, espigas e legumes cozidos,** *etc.* **O milho em grão é a principal ração para as aves de capoeira, enquanto a sua forragem é utilizada como forragem fresca ou seca (Parihar** *et al.,* **2012). Ocupa um lugar importante como fonte de alimentação humana (25 por cento), alimentação animal (12 por cento), alimentação de aves de capoeira (49 por cento), amido (12 por cento) e 1 por cento cada em cervejaria e sementes. O grão é muito nutritivo, com cerca de 70-72 por cento de hidratos de carbono assimiláveis, 4-4,5 por cento de gorduras e óleos e 9,5-11 por cento de proteínas (Larger e Hill, 1991).**

A maior parte da área de cultivo de milho na Índia ocorre durante a estação *Kharif,* onde as infestantes se tornaram um dos mais importantes factores de limitação do rendimento. Mesmo com uma infestação ligeira de infestantes em situação ideal, as infestantes devem ser controladas ao longo de toda a estação de crescimento da cultura. O milho é geralmente infestado por uma vasta gama de flora infestante, nomeadamente *Echinochloa colona, Cyperus rotundus, Commelina benghalensis* e *Trianthema portulacastrum, que* dominam durante as primeiras fases de crescimento da cultura, enquanto *o Dactyloctenium aegyptium predomina* na fase de borla e maturação da cultura. O milho, embora seja uma planta de crescimento robusto na natureza, é muito sensível à concorrência das infestantes durante as primeiras fases de crescimento

(Mabasa *et al.,* **1995). Como resultado, as ervas daninhas reduziram o rendimento do milho, competindo com a cultura por nutrientes, água, luz solar e espaço. Por vezes, o grande espaçamento e o crescimento inicial lento do milho favorecem o crescimento das ervas daninhas mesmo antes da emergência da cultura. No entanto, a presença de ervas daninhas no início do período de crescimento reduz a eficiência fotossintética, a produção de matéria seca e a distribuição para as partes económicas, reduzindo assim a capacidade de absorção da cultura, o que resulta num fraco rendimento do grão. Assim, as perdas de rendimento devido à infestação de ervas daninhas durante toda a estação variam de 30% a uma quebra total da cultura (Pandey** *et al.,* **2001). O período mais crítico para a competição das ervas daninhas com a cultura é nas primeiras seis semanas após a sementeira da cultura, devido ao crescimento inicial lento e ao maior espaçamento entre linhas do milho, juntamente com condições climáticas favoráveis que permitem um crescimento luxuriante das ervas daninhas, o que pode reduzir o rendimento em 28-100 por cento (Dass** *et al.,* **2012). Por conseguinte, a gestão das infestantes durante este período é muito importante para obter rendimentos mais elevados. As infestantes também representam graves problemas para a agricultura e infestam as terras em pousio, reduzem a fertilidade do solo e as condições de humidade e constituem uma ameaça potencial para as culturas seguintes (Khan** *et al.,* **2003). Assim, a atenção deve centrar-se nas medidas de controlo das infestantes para manter a capacidade competitiva da cultura, minimizando a interferência das infestantes durante as fases de crescimento da cultura. Por conseguinte, a natureza da interferência das infestantes influencia fortemente a**

escolha das medidas de controlo das infestantes. Singh *et al.*
(1996) mencionou que os métodos de controlo das ervas daninhas se dividem em dois grupos: não químicos e químicos. No entanto, o método convencional de controlo de infestantes, como a monda manual, tende a ser dispendioso, especialmente quando não há mão de obra disponível durante o pico da carga de trabalho (Khan *et al.*, 2000). É certo que o controlo químico das infestantes no milho é o melhor método utilizado em muitos países em desenvolvimento, por ser eficaz e relativamente menos dispendioso. Existem vários herbicidas, mas a sua adequação às espécies de infestantes e o espetro de controlo que exercem no ecossistema do milho continuam a causar perplexidade. Este facto tem exigido testes contínuos de herbicidas para verificar a sua eficácia. No entanto, a aplicação de um único herbicida em condições de flora infestante diversa e mista não permite um controlo satisfatório das infestantes durante o período desejado. Além disso, sabe-se que a utilização contínua de um único herbicida resulta na evolução da resistência aos herbicidas nas espécies de infestantes e na alteração da flora infestante (Thakur e Sharma, 1996, Malviya e Singh, 2007). A atrazina tem sido um herbicida amplamente utilizado para controlar as infestantes do milho, mas não proporciona um controlo eficaz de muitas infestantes, nomeadamente *Cyperus rotundus* e *Echinochloa colona* (Kandasamy e Chandrasekhar 1998; Singh *et al.*, 2015). Por conseguinte, considerou-se necessário alargar o âmbito de aplicação da atrazina, aplicando-a com outro herbicida em mistura ou em sequência. Além disso, é necessário um herbicida alternativo de pós-emergência

como a tembotriona, que pode proporcionar um controlo de largo espetro das ervas daninhas no milho *Kharif* sem afetar o crescimento e o rendimento da cultura (Singh *et al.*, 2012).

Por conseguinte, o controlo químico das infestantes é um melhor complemento dos métodos convencionais e faz parte integrante da produção vegetal moderna. A maioria dos herbicidas disponíveis apenas permite um controlo de espetro reduzido das infestantes. Muitos deles só têm atividade sobre espécies anuais, enquanto alguns só são eficazes contra infestantes perenes. Como a maioria das culturas tem uma população mista de infestantes, é desejável incorporar os pontos fortes de dois ou mais herbicidas numa mistura complementar que tenha um efeito sinergético no controlo das infestantes. Além disso, as misturas de herbicidas permitem um maior espetro de controlo das infestantes com o ingrediente ativo total. A mistura de herbicidas é recomendada para cada cultura e, num sistema de cultivo, a aplicação sequencial de herbicidas para cada cultura leva à acumulação de resíduos no solo e na cultura, causando assim efeitos adversos nas culturas seguintes. A maioria dos herbicidas é selectiva e específica da cultura e persiste no solo durante alguns meses a alguns anos, dependendo da substância química e da concentração utilizada. O conhecimento da persistência e do efeito residual dos herbicidas no solo é essencial para os utilizar de forma segura, eficaz e não perigosa no controlo químico das infestantes.

Assim, tendo em conta os pontos acima referidos para aumentar a eficiência da utilização dos factores de produção e a gestão das ervas daninhas, a presente investigação intitulada "Gestão de ervas daninhas com herbicidas no milho (*Zea mays* L.)" foi realizada durante a estação *Kharif* de 2016 na quinta de instrução do Departamento de Agronomia da Faculdade de Agricultura do Rajastão (MPUAT), Udaipur, Rjastão, com os seguintes objectivos

1. **Estudar o efeito dos herbicidas de pré e pós-emergência, das suas misturas e da** aplicação sequencial na dinâmica das infestantes.
2. Avaliar o efeito da gestão de ervas daninhas com herbicidas no crescimento e rendimento do milho.
3. Chegar a uma recomendação economicamente viável de gestão de ervas daninhas com herbicidas no milho.

Capítulo 2
2. REVISÃO DA LITERATURA

Um compêndio do trabalho de investigação disponível sobre **"Gestão de infestantes com herbicidas no milho *(Zea mays* L.)"** foi revisto neste capítulo.

2.1 Efeito da interferência das ervas daninhas nas culturas

S avary *et al.* (2000) referiram que as infestantes são consideradas como notórios redutores de rendimento, sendo o seu controlo, em muitas situações, economicamente mais importante do que o de insectos, fungos ou outras pragas. As infestantes causam perdas de rendimento significativas em todo o mundo, com uma média de 12,8% com a adoção de medidas de controlo de infestantes e 37% sem quaisquer medidas de controlo de infestantes (Oerke e Dehne, 2004). As perdas de rendimento do milho devido a infestantes variam entre 40 e 80% (Reddy e Tyagi, 2005). Sharma (2005) referiu que o crescimento descontrolado de infestantes levou à redução do rendimento de grãos de milho até 100 por cento, enquanto Walia *et al.* (2005) referiu que o crescimento descontrolado de infestantes reduziu o rendimento de grãos de milho até 52 por cento. A competição sazonal de ervas daninhas no milho reduziu o rendimento de grãos em mais de 90%, conforme relatado por Dalley *et al.* (2006). Doganlsik *et al.*

(2006) relataram que as ervas daninhas reduziram o rendimento do milho em 43% quando permitiram que competissem com a cultura desde a plantação até à colheita. Entre os factores responsáveis pelos baixos rendimentos do milho pode estar a grave infestação de ervas daninhas em espaçamentos mais largos entre linhas, associada a chuvas frequentes na estação das chuvas, que causam enormes perdas de rendimento até 68,9% (Walia *et al.*, 2007) e 28-100% (Patel *et al.*, 2006). Zimdahl

(2007) indicaram que as infestantes são plantas com algumas adaptações particulares, e talvez únicas, que lhes permitem sobreviver e prosperar em ambientes perturbados. Gopinath e Kundu (2008) referiram que a competição das infestantes durante as primeiras fases de crescimento da cultura deve ser baixa para se obterem rendimentos mais elevados. Bahar *et al.* (2009) opinaram que o crescimento descontrolado de ervas daninhas resultou numa redução de 73,4 por cento no rendimento de grãos do milho *kharif* em solo argiloso siltoso da Caxemira. Dangwal *et al.* (2010) referiram que as infestantes causam elevadas perdas de rendimento do milho e que estas perdas devido às infestantes foram registadas até 35 por cento. Mehmeti *et al.* (2011) referiram que as infestantes se tornaram um problema crescente na produção de milho, uma vez que estão disseminadas por toda a cultura de milho cultivada. Glowacka (2011) referiu que as infestantes são grandes concorrentes das plantas cultivadas na absorção de nutrientes e que a sua quota na absorção total de macroelementos do solo foi de 35% de K, 27,3% de Ca e 27,4% de Mg. O período crítico de competição das plantas infestantes com as culturas depende da densidade, competitividade e periodicidade de emergência da população de infestantes. (Bystro *et al.*, 2012)

2.2 Efeito da atrazina isolada e da sua combinação com outros herbicidas

Kamble *et al.* (2005) notaram que a aplicação pré-emergente de atrazina 0,5 kg ha[1] + uma sacha e uma monda aos 20 DAS foi o método mais económico e eficaz para controlar as ervas daninhas, além de registar uma relação C:B mais elevada (1:3,68) no milho *kharif* em Yavatmal. Praveen e Murthy (2005) relataram que a atrazina 1,0 kg ha[1] como PE controlou eficazmente as ervas daninhas gramíneas *viz., Cynodon dactylon* e *Digitaria sanguinalis* e ervas daninhas de folhas largas *viz., Celosia argentia, Cleome viscose, Commelina benghalensis, Phyllanthus niruri* e *Parthenium hysterophorus* durante 40 dias e foi menos eficaz em *Cyperus rotundus*. Patel et al. (2006) observaram que a eficiência máxima de controlo de ervas daninhas (> 98 por cento) foi alcançada com a aplicação pré-emergente de atrazina 0,5 kg ha[1] em combinação com pendimetalina 0,25 kg ha 1. Malviya e Singh (2007) relataram que a atrazina 1,0 kg ha[-1] como PE *fb* capina manual aos 20 e 40 DAS no milho reduziu significativamente a biomassa e a densidade das ervas daninhas, e aumentou o rendimento de grãos. Chopra e Angiras (2008) relataram que a atrazina 1,5 kg ha[1] como PE foi considerada promissora na redução da matéria seca das ervas daninhas em comparação com o acetacloro 1,25 kg ha[1] e 0,75 kg ha 1.Gopinath e Kundu (2008) relataram que a atrazina 1,25 kg *a.i* ha[1] como PE seguida de monda manual aos 30 dias após a sementeira registou um peso seco das ervas daninhas significativamente mais baixo. Singh e Sheoran (2008) relataram que a aplicação pré-emergente de atrazina 1,0 kg ha[1] em combinação com uma enxada aos 35 DAS resultou numa densidade de ervas daninhas significativamente mais baixa no milho. Ullah *et al.* (2008) observaram a menor densidade de ervas daninhas no milho aos 45 DAS com pendimethalin 1,0 kg ha[1] como PE seguido de monda manual às 6 WAS. Woodyard *et al.* (2009) referiram que a combinação de atrazina e mesotriona também demonstrou uma melhor eficácia quando estes herbicidas foram aplicados em pós-emergência para o controlo de aquiléquia comum, de caruncho comum e de tasneira gigante. Madhavi *et al.* (2013) referiram que diferentes práticas de GCI no milho revelaram que a aplicação pré-emergência de atrazina 1,0 kg ha[1] ou oxyfluorfen 0,3 kg ha[1] ou pendimethalin 1,0 kg ha[1] em combinação com a intercultura aos 30 DAS proporcionou um controlo económico e eficiente das ervas daninhas. Sharma e Pankaj (2013) relataram que o desempenho da atrazina foi considerado melhor na redução da população de várias espécies de ervas daninhas, viz. *Commelina benghalensis* e *Trianthema portulacastrum* etc. Madhavi *et al.* (2014) referiram que a aplicação de uma mistura no tanque do herbicida pós-emergência atrazina + topramezona (250 + 25,2 g ha 1) registou uma eficiência significativamente mais elevada no controlo de ervas daninhas de gramíneas, juncos e ervas daninhas de folhas largas e registou a menor matéria seca de ervas daninhas e um maior rendimento de grãos, mas permaneceu ao mesmo nível que a monda manual.

Kamaiah *et al.* (2014) observaram que a aplicação de mistura de tanque de atraziina 0,625 kg ha 1 +

pendimetalina 0,5 kg ha[1] *fb* 2, 4-D 0,5 kg ha[1] registrou maior eficiência de controle de ervas daninhas e menor peso seco de ervas daninhas. Yakadri *et al.* (2015) observou que as aplicações sequenciais de atrazina como pré-emergência 1,25 kg ha[1] ou pendimetalina como pré-emergência 1,5 kg ha[1] seguido de paraquat 0,6 kg ha[1] às 3 semanas após a semeadura ou atrazina 1,0 kg ha[1] como pré-emergência seguido de topramazona 0,030 kg ha[1] aos 30 DAS foram considerados econômicos com maiores retornos brutos, retornos líquidos e relação B C.

2.3 Efeito da pandimetalina isolada e da sua combinação com outros herbicidas

Singh *et al.* (2005) concluíram que a pendimetalina e o alacloro integrados com uma enxada aos 25 DAS foram consideradas significativamente superiores na redução da população e da matéria seca das ervas daninhas no milho *kharif*. Patel *et al.* (2006) relataram que a aplicação pré-emergente de pendimethalin 0,25 kg ha[1] com atrazine ou alachlor ou metolachlor cada 0,5 kg ha[1] ou metribuzin 0,15 kg ha[1] deu uma densidade significativamente menor de ervas daninhas monocotiledôneas e dicotiledôneas em todos os intervalos e também registrou maior rendimento de grãos de milho em comparação com todos os outros tratamentos. Walia *et al.* (2007) relataram que a aplicação de mistura de tanque de atrazina + pendimetalina 0,5 + 0,5 kg ha[1] *fb* capina manual a 30 DAS resultou na redução da densidade de ervas daninhas e biomassa com melhores atributos de rendimento. Kumar *et al.* (2012) observaram que a pendimetalina 1,5 kg ha[1] como PE seguido de atrazina 0,75 kg ha[1] como PoE registou um peso seco de ervas daninhas significativamente mais baixo e estava a par com a aplicação PE *fb* PoE de atrazina (1,5 fb 0,75 g ha 1) e atrazina + pendimetalina (0,75 + 0,75 kg ha 1) como PE *fb* PoE aplicação de 2, 4-D 0,75 kg ha 1. Shankar et al. (2015) observaram uma menor densidade e peso seco de ervas daninhas com atrazina 1,25 kg ha 1, pendimetalina 2,5 kg ha[1] em comparação com outros tratamentos químicos de gestão de ervas daninhas, no entanto, estes permaneceram a par com o controlo sem ervas daninhas e foi registado um peso seco de ervas daninhas significativamente menor com pendimetalina 5 kg ha[-1] em comparação com o resto dos tratamentos químicos. O índice de ervas daninhas mais baixo foi registado com a aplicação pré-emergente de atrazina 1,25 kg + pendimetalina 2,5 kg ha 1 em relação ao controlo de ervas daninhas. A aplicação pré-emergente de atrazina 1 kg ha 1 registou um peso de 100 sementes (33,8 g) e um rendimento de grãos (7079 kg ha 1) significativamente mais elevados do que os restantes tratamentos de controlo de infestantes. O controlo sem ervas daninhas registou um rendimento líquido mais elevado (Rs.73470 ' ha 1) e um rácio B C (4,53) em relação aos outros tratamentos e foi equiparado à atrazina 1,25 kg ha 1 + pendimetalina 2,5 kg ha 1. Numa experiência de campo em Udaipur, observou-se que a aplicação de atrazina 750 g ha 1 + pendimetalina 750 g ha 1 como PE deu o máximo rendimento de grãos (4033 kg ha 1) e rendimento de palha (6227 kg ha[-1]) que permaneceu significativamente maior em comparação com a atrazina (1,5 kg ha 1) como PE, atrazina (1,5 kg . -1ha) + 2,4-D amina (500 g ha) aos 25 DAS como PoE e halosulfouron (60 g ha) aos 25 DAS como PoE (IIMR 2015f). Channabasavanna *et al.* (2015) relataram que a aplicação de mistura de tanque de pendimetalina 30 EC 750 g ha[1] + atrazina 50 WP 625 g ha[1] aplicada como pré-emergente deu excelente controle de todos os tipos de ervas daninhas com maior eficiência de controle de ervas daninhas e menor índice de ervas daninhas. Barla *et al.* (2016) concluíram que, para uma maior produtividade, rentabilidade e controlo eficaz das infestantes no milho, a atrazina + pendimetalina 0,50 + 0,50 kg ha[1] pode ser aplicada em pré-emergência.

2.4 Efeito do 2, 4-D isolado e da sua combinação com outros herbicidas

Singh *et al.* (2010) relataram que a aplicação pós-emergência de 2,4-D amina a 0,44, 0,58 e 0,73 kg ha[1] foi considerada mais eficaz para controlar *C. rotundus* em comparação com outras formulações, ou seja, sódio e éster etílico. Singh *et al.* (2010) relataram que a aplicação pós-emergência de 2, 4-D di-metil amina a 0,44, 0,58 e 0,73 kg ha[1] aumentou o rendimento do grão de milho em 23,8, 31,1 e 26,7 por cento, respetivamente, em relação ao tratamento de controlo sem ervas daninhas. Hawaldar e Agasimani (2011) observaram que a aplicação sequencial de atrazina 0,75 kg ha[1] seguida de 2, 4-D 1,0 kg ha[1] registou um peso seco de ervas daninhas significativamente mais baixo, o que foi equivalente à monda mecânica. Shantveerayya e Agasimani (2012) relataram que a densidade de ervas daninhas, o peso seco das ervas daninhas, o banco de sementes de ervas daninhas e a maior eficiência de controle de ervas daninhas em diferentes estágios de crescimento da cultura foram significativamente menores com a aplicação pré-emergente de atrazina a 0,75 kg ha[1] seguida pela aplicação pós-emergente de 2, 4-D 1,0 kg ha[1] aos 30 dias após a semeadura e em controle livre de ervas daninhas. Kumari *et al.* (2014) concluíram que o acetacloro 2250 g ha[1] como PE seguido de 2, 4-D sal de sódio 500 g ha[1] como PoE registou a matéria seca mais baixa de ervas daninhas e permaneceu a par com a aplicação de topramezona + atrazina (25,2+250 g ha 1) e tembotriona + isoxadifenethyl (105+52 g ha 1) + adjuvante como PoE. Numa experiência de campo em Karnal, observou-se que a aplicação de atrazina (1,5 kg ha 1) + 2,4-D amina (500 g ha 1) aos 25 DAS como PoE resultou num número significativamente menor de ervas daninhas gramíneas (32 m 2) e ervas daninhas de folha larga em comparação com atrazina (1,5 kg ha 1) como PE e atrzina (0,75 kg ha 1) + pendemathalin (750 g ha 1) como PE (IIMR 2015c). Da mesma forma, em um experimento de campo em Bahraich, observou-se que a aplicação de atrazina (1,5 kg ha 1) + 2,4-D amina (500 g ha 1) aos 25 DAS como PoE deu rendimento máximo de grãos (4600 kg ha 1), rendimento de palha (5598 kg ha 1) e relação B C (2,88) que permaneceu significativa em comparação com atrazina (1,5 kg ha) como PE e atrazina (0,75 kg ha) + pendemathalin (750 g ha) como PE (IIMR 2015e).

2.5 Efeito do halossulfurão isolado e da sua combinação com outros herbicidas

Rathika *et al.* (2013) referiram que o halossulfurão-metilo é conhecido por ser muito **eficaz contra os juncos. Dash e Mishra (2014) referiram que a aplicação de halossulfurão-metilo em diferentes doses (52,5, 67,5 e 135 g ha^1) na fase de 3-4 folhas de** *Cyperus rotundus* **resultou numa densidade significativamente mais baixa de** *Cyperus rotundus* **em Bhubaneswar. Chand** *et al.* **(2014) referiram que o halossulfurão-metilo 75 por cento 67,5 g ha^1 aos 45 dias após a sementeira foi considerado a dose óptima para o controlo eficaz de** *Cyperus rotundus* na cultura da cana-de-açúcar. Numa experiência de campo em Shrinagar, observou-se que a aplicação de halossulfurão PoE (60 g ha^{-1}) aos 25 DAS deu um rendimento máximo de grãos (5414 kg ha$^{-1)}$, rendimento de palha (12633 kg ha^1) e relação B C (2,61) que permaneceu significativamente maior em comparação com tembotrione (120 g ha^{-1}) a 25 DAS como PoE (IIMR 2015b). Da mesma forma, em um experimento de campo em Ludhiana em 2015, observou-se que a aplicação de PoE halosulfuron (60 g ha^1) a 25 DAS em um campo de milho resultou em um número significativamente menor de ervas daninhas gramíneas (1,3 m$^{2)}$ (8,3 m^2) e junça (12,3 m^2) aos 50 DAS, em comparação com a atrazina (1,5 kg ha^1) como PE (IIMR 2015d). Em Karnal, também em 2015, observou-se que a aplicação de atrazina (1,5 kg ha^1) em pré-emergência com halossulfurão (60 g ha^1) aos 25 DAS como PoE num campo de milho resultou num número significativamente menor de ervas daninhas gramíneas (28 m^{-2}), ervas daninhas de folha larga (8 m^2) e junça (10.7 m^2) aos 50 DAS, em comparação com a atrazina (1,5 kg ha$^{1)}$ como PE e tembotriona (120 ml ha^1) aos 25 DAS como PoE (IIMR 2015g).

2.6 Efeito da tembotriona isolada e da sua combinação com outros herbicidas

Waddington & Young (2006) relataram que a tembotriona foi registada para uso em pós-emergência no milho nos Estados Unidos e no Brasil e mostrou resultados bastante satisfatórios no controlo de ervas daninhas, particularmente para gramíneas. Joseph *et al.* **(2008) relataram que a aplicação de herbicidas pós-emergentes** *como* **topramezona, tembotriona e mesotriona juntamente com atrazina (12 + 560, 92+560 e 105+560 g ha^1) em milho resultou num excelente controlo de ervas daninhas gramíneas como** *Cynodon dactylon* **L.,** *Echinocloa crusgalli* **L.,** *Ambrosia artemisiifolia* **L e** *Dactyloctenium aegypticum* **L (98 por cento, 96 por cento e 87 por cento). Martin** *et al.* **(2011) observaram que a mistura no tanque de tembotriona com atrazina 31+370 g ha^1 aplicada no estádio de quatro a cinco colarinhos do milho, melhorou o controlo de espécies individuais de ervas daninhas em 5 a 45 por cento e os atributos de rendimento** foram **maiores quando a atrazina foi aplicada com tembotriona. Gatzweiler** *et al.* **(2012) concluíram que a tembotriona sozinha 200 g ha^1 foi menos eficaz no controlo de monocotiledóneas, mas quando misturada no tanque com o protetor isoxadifen-ethyl 200 + 100 g ha^1 controlou eficazmente tanto as monocotiledóneas como as dicotiledóneas. A Tembotriona juntamente com o protetor, duas semanas após a aplicação, foi 10% melhor do que sem o protetor. Singh** *et al.* **(2012) relataram que a aplicação pós-emergência de tembotrione 120 g ha^{-1} juntamente com surfactante foi mais eficaz para controlar as ervas daninhas gramíneas e não gramíneas e registou o maior rendimento de grãos. Jonathon** *et al.* **(2013) observaram que a aplicação de mistura no tanque de tembotrione + atrazine (92 + 560 g ha^1) como PoE registou uma redução de 60 por cento na acumulação de biomassa de Palmer amaranthus, permanecendo a par com a de topramezone + atrazine (18 + 560 g ha^1) e mesotrione + atrazine (105 + 560 g ha^1). Idziak e Woznica (2014) relataram que a aplicação de doses reduzidas de tembotrione 44 ou 22 g ha^{-1} com adjuvantes (óleo de semente metilado + nitrato de amónio) e com a mistura de herbicidas flufenacet + isoxaflutole resultou na redução (96, 100 e 86 por cento) da biomassa de** *Chenopodium album* **L.,** *Viola arvensis* **L e** *Brassica napus* **L., que foi igual à aplicação da dose recomendada de tembotriona 88 ha^1 . O adjuvante aumentou a eficiência -1 do herbicida. Swetha** *et al.* **(2015) relataram que a aplicação de mistura em tanque de tembotrione 105 g ha com doses mais baixas de atrazine a 250 g ha^1 junto com adjuvantes foi eficaz no controle das ervas daninhas e registrou maior rendimento no milho** *Kharif.* **Em uma experiência de campo**

em Bajaura, observou-se que a aplicação PoE de tembotrione (120 g ha^1) deu um rendimento de grãos significativamente maior (5648 kg ha^1), rendimento de palha (7478 kg ha^1) e relação B C (2,15) em comparação com halossulfuron (60 g ha^1) e atrazina (1,5 kg ha^{-1}) como PE seguido por halossulfuron (60 g ha^{-1}) a 25 DAS como PoE (IIMR 2015a).

3. MATERIAL E MÉTODOS

Foi realizada uma experiência de campo intitulada **"Gestão de infestantes com herbicidas no milho *(Zea mays* L.)"** durante o *Kharif* 2016 . Os pormenores das técnicas experimentais, dos materiais e dos critérios adoptados para a avaliação dos tratamentos durante o curso da investigação são enumerados neste capítulo.

3.   SÍTIO EXPERIMENTAL

A experiência foi efectuada na Instructional Farm, Rajasthan College of Agriculture, Udaipur, situada a 24°35'N de latitude e 73°42'E de longitude e a uma altitude de 582,17 metros acima do nível médio do mar. A região insere-se na zona agro-climática IV-a (Planície Meridional Sub-húmida e Colinas de Aravalli) do Rajastão.

3.2   CLIMA E CONDIÇÕES METEOROLÓGICAS

Esta zona possui condições climáticas subtropicais típicas, caracterizadas por invernos suaves e verões moderados associados a uma humidade relativa elevada durante os meses de julho a setembro. A precipitação média anual da região é de 637 mm, a maior parte da qual é contribuída pela monção do sudoeste de julho a outubro.

Os parâmetros meteorológicos semanais médios registados durante o período de cultivo são apresentados no Quadro 3.1 e representados na Fig. 3.1. Estas observações revelam que as temperaturas máximas e mínimas variaram entre 26,8°-35,3°C e 17,9°-25,1°C, respetivamente, durante a *Kharif,* 2016. A quantidade total de precipitação recebida durante o crescimento da cultura do milho em 2016 foi de 664,5 mm e esta foi bem distribuída no período de crescimento da cultura.

3.3   CARACTERÍSTICAS FÍSICO-QUÍMICAS DO CAMPO EXPERIMENTAL

T Para determinar as características físico-químicas do solo, foram colhidas aleatoriamente amostras de solo em diferentes pontos do campo, a uma profundidade de 0-15 cm, antes do início da experiência. Foi preparada uma amostra composta representativa (seca ao ar) e analisada quanto a várias propriedades físicas e químicas do solo experimental. Os valores da análise do solo, juntamente com os métodos seguidos, são apresentados na Tabela 3.2.

Tabela 3.1 Parâmetros meteorológicos semanais médios durante o período de crescimento da cultura *(Kharif* 2016)

Semana normal	Temp. (máx.) (°C)	Temp. (min.) (°C)	RH (máx.) (%)	RH (min.) (%.)	Velocidade do vento (kmph)	Sunshi ne (horas)	Chuva todos (mm)	Ração Evapo (mm)
2 de julho-8 de julho	32.2	25.1	80.9	60.0	7.7	4.4	39.2	5.8
9 de julho - 15 de julho	31.0	23.9	86.7	70.9	5.8	1.8	91.6	4.8
16 de julho - 22 de julho	29.9	24.3	78.0	67.1	6.5	3.6	5.4	4.9
23 de julho - 29 de julho	30.8	23.6	89.7	74.0	4.0	3.2	157.6	4.2
30 de julho - 5 de agosto	27.9	23.3	92.0	83.0	2.6	0.5	124.2	2.3

6 Ago-12 Ago	26.8	23.5	95.0	89.0	3.0	0.5	104.5	1.0
13 Ago-19 Ago	30.0	23.0	83.6	65.6	6.1	6.3	0.6	5.5
20 Ago-26 Ago	27.6	23.2	91.1	78.9	5.0	1.2	61.2	2.1
27 de agosto-2 de setembro	30.4	23.5	89.4	71.1	3.4	3.9	14.4	3.2
3 de setembro a 9 de setembro	29.9	22.2	78.7	57.7	6.2	7.4	0.0	4.9
10 de setembro-16 de setembro	31.7	21.8	78.1	49.3	4.0	8.1	0.0	3.7
17 de setembro - 23 de setembro	34.6	23.3	81.6	47.6	3.2	5.7	3.4	4.6
24 de setembro - 30 de setembro	35.3	22.1	74.0	42.7	4.2	8.1	0.0	5.5
1 de outubro - 7 de outubro	31.7	23.2	88.4	65.1	3.0	3.3	62.4	3.2
8 Out-14 Out	32.0	19.5	81.1	41.9	3.2	8.1	0.0	4.7
15 Out-21 Out	32.4	17.9	72.0	30.4	2.5	7.5	0.0	4.4

Fonte: Observatório RCA, Udaipur

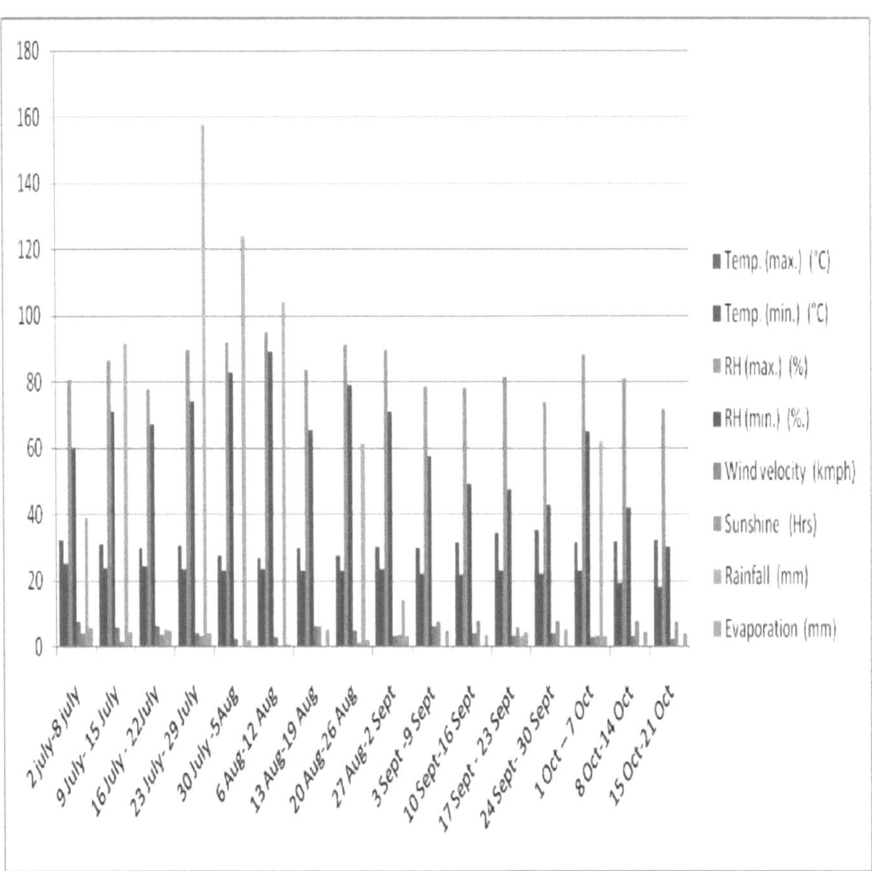

F ig: 3.1 Parâmetros meteorológicos semanais médios durante o período de crescimento da cultura *(Kharif* 2016)

Quadro 3.2 Características físico-químicas do solo experimental

Parâmetros do solo	Valores	Método de análise
A. Análise mecânica:		
Areia (%)	37.78	Pipeta internacional método
Silte (%)	27.76	(Piper, 1950)
Argila (%)	33.65	

| Classe textural | Barro argiloso | Triangulograma (Brady e Weil 2002) |

B.   Análise física:

Densidade aparente (Mg m 3)	1.26	Amostrador de núcleos methodPiper , (1950)
Densidade das partículas (Mg m 3)	2.76	Preto (1965)
Porosidade (%)	49.15	Preto (1965)

C.   Análise química:

Carbono orgânico (%)	0.73	Método de titulação rápida (Walkley e Black, 1934)
N disponível (kg ha 1)	226.7	Método alcalinoKMnO4 método (Subhiah & Asija, 1956)
P2O5 disponível (kg ha 1)	19.4	Olsen *et al.,* 1954
K2O5 disponível (kg ha)$^{-1}$	254.6	FlamFotómetro método (Richards, 1968)
CE (dS m-1 a 25°C)	0.89	Higrómetro de condutividade (Richards, 1968)
pH (1:2 Solo : Água)	7.6	Medidor de pH (Richards, 1968)

Os resultados da análise, juntamente com os métodos utilizados para os determinantes acima referidos, são apresentados no Quadro 3.2. É evidente a partir da Tabela 3.2 que o solo do campo experimental era argiloso em textura, ligeiramente alcalino em reação (pH 7,6), baixo em azoto disponível (226,7 kg ha 1), médio em fósforo disponível (19,4 kg ha 1) e potássio disponível (254,6 kg ha 1).

3.4   HISTORIAL DAS CULTURAS NO SÍTIO EXPERIMENTAL

No local da experiência, a cultura do trigo foi efectuada durante a estação anterior e, durante o verão, o campo foi mantido em pousio antes da presente experiência.

3.5 CONCEPÇÃO E ESQUEMA DA EXPERIÊNCIA

A experiência foi realizada em blocos aleatórios durante a época *da colheita,* com três repetições. As combinações de tratamentos foram distribuídas aleatoriamente em parcelas diferentes. A planta da experiência com a atribuição dos tratamentos e outros pormenores é apresentada na Fig.3.2.

3.6 PORMENORES EXPERIMENTAIS

Quadro 3.3 Pormenores do tratamento

T1	Controlo (infestante)
T2	Sem ervas daninhas
T3	Atrazina 1,5 kg ha 1 PE
T4	Atrazina 0,75 kg ha 1 + pendimetalina 0,75 kg ha 1 PE
T5	Atrazi Atrazina 1,5 kg ha^1 *PEfb* 2, 4-D 0,4 kg ha^1 PoE aos 25 DAS
T6	Halossulfurão 0,09 kg ha 1 PoE aos 25 DAS
T7	Atrazina 1,5 kg ha^1 *PEfb* halossulfurão 0,09 kg ha^1 PoE aos 25 DAS
T8	Tembotriona 0,12 kg ha^{-1} PoE a 25 DAS
T9	Pendimetalina 1,0 kg ha 1 PE *fb* atrazina 0,75 kg ha 1 + 2,4-D amina 0,4 kg ha 1 PoE a 25 DAS
T10	Atrazina 1,5 kg ha⁻ PE *fb* tembotriona 0,12 kg ha⁻ PoE aos 25 DAS

PE: Pré-emergência; PoE: Pós-emergência; DAS: Dias após a sementeira; *fb:* seguido de

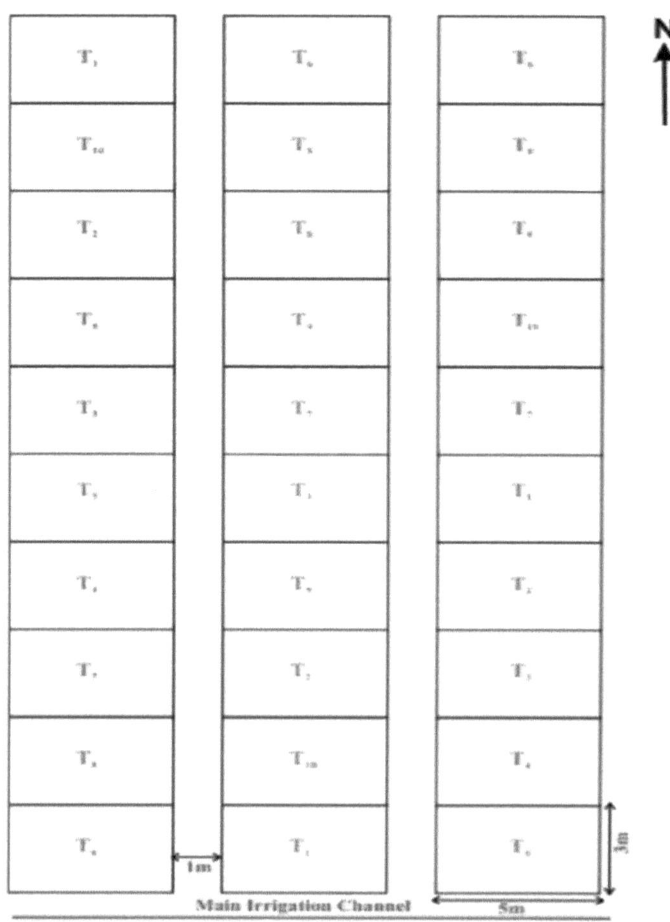

Treatment Details:

T1 = Control (weedy)	Design = Randomized Block Design
T2 = Weed free	Replications = 3

T3 = Atrazine 1.5 kg ha^{-1} PE
T4 = Atrazine 0.75 kg ha^{-1} + pendimethalin 0.75 kg ha^{-1} PE
T5 = Atrazine 1.5 kg ha^{-1} PE *fb* 2, 4-D 0.4 kg ha^{-1} PoE at 25 DAS
T6 =Halosulfuron 0.09 kg ha^{-1} PoE at 25 DAS
T7 = Atrazine 1.5 kg ha^{-1} PE *fb* halosulfuron 0.09 kg ha^{-1} PoE at 25 DAS
T8 = Tembotrione 0.12 kg ha^{-1} PoE at 25 DAS
T9 = Pendimethalin 1.0 kg ha^{-1} PE *fb* atrazine 0.75 kg ha^{-1} + 2,4-D amine 0.4 kg ha^{-1} PoE at 25 DAS
T10= Atrazine 1.5 kg ha^{-1} PE *fb* tembotrione 0.12 kg ha^{-1} PoE at 25 DAS

Plot size =   Gross = 5.0 m × 3.0 m = 15.0 m^2
                Net   = 4.5 m × 1.5 m = 6.75 m^2

FIG.3.2: PLAN OF LAYOUT

Outros pormenores experimentais

i) Número total de tratamentos : 10

ii) Conceção experimental Desenho de blocos aleatórios

iii) Número de réplicas : 3

iv) Número total de parcelas : 30

v) Dimensão da parcela

Bruto = 5,0 m x 3,0 m = 15,0 m^2

Rede = 4,5 m x 1,5 m = 6,75 m^2

vi) Recorte de texto Milho

vii) variedade PEHM-2

viii) Espaçamento :60 cm x 25 cm

ix) Taxa de sementeira : 20 kg ha^{-1}

x) Fertilização 90 kg N ha^{-1} + 30 kg P2O5 ha^{-1}

xi) Irrigação Parcialmente irrigado

xii) Proteção das plantas :Conforme a necessidade com recomendação

T O plano de pormenor da disposição da experiência é apresentado na Fig. 3.2

3.7 APLICAÇÃO DO TRATAMENTO

A dose de herbicidas foi calculada de acordo com os tratamentos e aplicada como pulverização aquosa 500 L ha 1 utilizando um pulverizador de dorso com bico de leque plano. O herbicida de pré-emergência foi aplicado logo após a sementeira e os herbicidas de pós-emergência aos 25 DAS.

3.8 PORMENORES DA CULTURA

O calendário das diferentes operações de pré-sementeira e pós-sementeira efectuadas durante a estação *da colheita* (milho) é apresentado no quadro 3.4

Quadro 3.4 Calendário das operações de campo durante o período de crescimento das culturas

S.N.	Funcionamento	Data da ação
1.	Preparação do terreno	02-07-2016
2.	Disposição e agrupamento	03-07-2016
3.	Abertura do sulco	04-07-2016
4.	Colocação de fertilizantes	05-07-2016
5.	Semeadura	05-07-2016
6.	Pulverização pré-emergente de herbicidas (conforme o tratamento)	06-07-2016
7.	Desbaste de culturas	20-07-2016
8.	Proteção das plantas (pulverização de imidaclopride)	21-07-2016
9.	Pulverização pós-emergência de herbicidas (conforme o tratamento)	30-07-2016
10.	Primeira monda manual para uma parcela sem ervas daninhas	01-08-2016
11.	Irrigação (salva-vidas)	07-08-2016
12.	Descarga superior de ureia à altura do joelho	09-08-2016
13.	Enxada numa parcela sem ervas daninhas	18-08-2016
14.	Aplicação de ureia no topo da pastagem no estádio de 50 % do perfilhamento	06-09-2016
15.	Deservagem em segunda mão	15-09-2016

16.   Colheita   21-10-2016

17.   Debulha/Descasque   31-10-2016

3.8.1 Preparações no terreno
Depois de receber os aguaceiros da pré-monção, o campo experimental foi preparado com uma charrua de disco puxada por um trator, seguida de gradagem cruzada e plantação. As parcelas foram demarcadas de acordo com o plano (Fig. 3.1) e os feixes foram preparados para separar cada unidade experimental.

3.8.2 Sementes e sementeiras
A cultura foi semeada em sulcos pouco profundos (4-5 cm de profundidade), utilizando uma taxa de sementeira de 20 kg ha 1. Os sulcos foram abertos com a ajuda de kudali em cada parcela a uma distância de 60 cm entre linhas. Após a sementeira, os sulcos de sementes foram cobertos com uma fina camada de solo. Na altura da sementeira, havia humidade suficiente no campo para a germinação e o estabelecimento da cultura.

3.8.3 Aplicação de fertilizantes
A dose recomendada de 90 kg de N (através de ureia) e 30 kg de P2O5 (através de SSP) foi dada à cultura. O 1/3 do nitrogénio e a dose completa de fósforo e potássio foram semeados 5 cm abaixo da zona de sementeira no momento da sementeira. O restante azoto foi aplicado em duas partes iguais na altura do joelho e na fase de 50% do despontar como adubo de cobertura.

3.8.4 Desbaste
Na altura da sementeira, foram colocadas duas sementes por colina. O desbaste foi efectuado 15 dias após a sementeira, a fim de manter a população de plantas necessária.

3.8.5 Estado livre de ervas daninhas
Foram efectuadas duas mondas manuais e uma sacha para manter a parcela experimental livre de ervas daninhas, mas também foram observadas algumas ervas daninhas no momento da observação.

3.8.5 Proteção das plantas
Phorate 10 G foi aplicado 20 kg ha^{-1} em sulcos no momento da semeadura para minimizar a infestação de larvas brancas e cupins. Além disso, Imdacloprid 17,8 SL (0,03 por cento) foi pulverizado em 21 ^ julho de 2016 para evitar o ataque de pragas de culturas.

3.9 COLHEITA E DESCASQUE
A colheita foi efectuada na maturidade fisiológica, que foi determinada pela formação de uma camada negra na região placentária do grão de milho. Antes da colheita das plantas em cada parcela experimental, as linhas limítrofes foram colhidas e removidas do campo experimental. As espigas das parcelas em rede foram colhidas e guardadas em sacos de artilharia. Depois de bem secas, foram descascadas. Depois de colhidas as espigas, o colmo das parcelas em rede foi colhido e seco ao sol durante alguns dias e pesado para cada parcela individual e o rendimento final do colmo foi expresso em kg ha 1.

3.10 Observações experimentais
3.10.1 Observação sobre as ervas daninhas
3.10.1.1 Densidade das ervas daninhas
A contagem de ervas daninhas gramíneas e de folhas largas foi feita aos 30 e 60 DAS a partir de pontos seleccionados aleatoriamente nas parcelas, utilizando um quadrado de 0,5 x 0,5 m e depois expressa em n.º m 2. Os dados foram submetidos a uma transformação de raiz quadrada para normalizar a sua

distribuição (Gomez e Gomez, 1984).
Onde,
X = Valor transformado

x = Valor original

3.10.1.2 Matéria seca das infestantes

As ervas daninhas foram removidas de um quadrado de 0,5 x 0,5 m de área dentro do quadrado da parcela da rede aos 30, 60 DAS e na colheita, as ervas daninhas foram secas à sombra durante 24 horas, seguidas de secagem em estufa a 650C **até um peso constante, expresso em g** m2**.**

3.10.1.3 Eficiência do controlo das infestantes

A eficiência do controlo das infestantes (%) foi calculada utilizando a seguinte fórmula (Mani *et al.,* 1973):

Peso seco das ervas daninhas em   **Peso seco** das ervas daninhas em

parcela de controlo sem infestantes (g m 2)   parcela tratada (g m 2)

WCE =   x 100

Peso seco das ervas daninhas na parcela de controlo sem ervas daninhas (g m 2)

3.10.1.4 Índice de infestantes

O índice de infestantes foi calculado utilizando a fórmula (Gill e Kumar, 1969).

$$WI\,(\%) = x\ \frac{X-Y}{X}\,100$$

Onde,

X= Rendimento da parcela sem infestantes (kg ha)$^{-1}$

Y= Rendimento da parcela tratada para a qual deve ser calculado o IM (kg ha)$^{-1}$

3.10.2 ESTUDO DE CULTURAS

Para avaliar o efeito dos tratamentos no crescimento, nos atributos de rendimento, no rendimento, no teor de nutrientes das plantas, na absorção e noutros aspectos do milho, as observações foram registadas de acordo com a metodologia a seguir descrita.

3.10.2.1 População de plantas

O número de plantas na área líquida da parcela em cada unidade experimental foi contado aos 25 DAS e na colheita. A média foi calculada e expressa em mil plantas ha^{1} **.**

3.10.2.2 Altura da planta

Foram seleccionadas aleatoriamente cinco plantas de cada parcela e a altura da planta de milho foi medida desde a base do rebento até ao topo do rebento aos 30, 60 DAS e na colheita. A altura média foi calculada e expressa em cm.

3.10.2.3 Produção de matéria seca

Foram colhidas cinco plantas fora da área da parcela de rede, deixando as linhas fronteiriças aos 30, 60 DAS e na colheita. As amostras de plantas foram secas à sombra durante 24 horas e depois secas em estufa a 650C até se obter um peso constante. Os pesos secos foram registados e expressos em g planta 1.

3.10.2.4 Avaliação visual da fitotoxicidade

A toxicidade do herbicida no stand e no crescimento da cultura foi registada aos 40, 47, 54 e 61 DAS, classificando-a numa escala de 0 a 10. O valor zero representa a ausência de danos nas plantas e o valor 10 representa a destruição total (Quadro 3.9).

3.10.2.5 Índice de área foliar (30 e 60 DAS)

O comprimento e a largura máxima de cada folha viável de três plantas marcadas foram medidos com a ajuda de uma escala métrica e, em seguida, a área foliar foi calculada através de fórmulas propostas por Montgomery (1911).

Área foliar = Comprimento x Largura máxima x 0,75

A média foi calculada e os valores da área foliar foram expressos em cm2 planta 1. O índice de área foliar foi calculado utilizando a fórmula dada por Watson (1947).

Área foliar da planta 1 (cm2)

Índice de área foliar = --------------------------

Superfície do solo da planta 1 (cm2)

3.10.2.6 CGR e RGR aos 30-60 DAS

A taxa de crescimento da cultura e a taxa de crescimento relativo em durações sucessivas, 30-60 DAS, foram calculadas empiricamente utilizando a seguinte fórmula sugerida por Redford

(1967).

$$\text{(a) CGR (g m}^{-2}\text{ day}^{-1}) = \frac{W_2 - W_1}{t_2 - t_1} \times \frac{1}{P}$$

$$\text{(b) RGR (g g}^{-1}\text{ day}^{-1}) = \frac{\log_e W_2 - \log_e W_1}{t_2 - t_1} \times \frac{1}{P}$$

Em que W_1 e W_2 são a matéria seca nos tempos t_1 e t_2, respetivamente, e P representa a superfície do solo.

3.10.2.7 Dias até ao 50 % de desponta

Em cada unidade experimental, foram registados os dias até ao aparecimento de 50% de borlas, ou seja, o aparecimento de borlas em 50% das plantas.

3.10.2.8 Dias até 50 % de silagem

Em cada unidade experimental, foram registados os dias até à silagem a 50%, ou seja, o aparecimento de seda em 50% das plantas.

Quadro 3.5: Descrição da escala de classificação visual em termos de toxicidade para a cultura

Efeito	Classificação	Descrição das culturas
Nenhum	0	Sem lesões, normal
Ligeiro	1	Ligeiro atrofiamento, ferimento ou descoloração
	2	Alguma perda de povoamento, atrofiamento ou descoloração
	3	Lesão mais pronunciada mas não persistente
Moderado	4	Lesão moderada, recuperação possível
	5	Lesão mais persistente, recuperação duvidosa
	6	Lesão quase grave, sem possibilidade de recuperação
Grave	7	Lesão grave, perda de estatura

	8	Quase destruída, sobrevivem algumas plantas
	9	Muito poucas plantas vivas
Completo	10	Destruição total

(Rao, 2000)

3.10.3 Parâmetros de rendimento

....,   -1

3.10.3.1 Número de espigas plantadas

O número de espigas na área das parcelas da rede em cada unidade experimental foi contado na colheita e dividido pela população de plantas da mesma área da rede registada na colheita e o valor foi expresso em espigas planta 1.

________ .   ."   .   .   -1

3.10.3.2 Peso da planta de grãos

Foram seleccionadas aleatoriamente cinco espigas do total de espigas e, após o descasque, os grãos foram pesados para obter o peso da espiga^{-1} . O peso foi multiplicado pelo número de espigas da planta^{-1} para obter o peso dos grãos da planta^{-1} .

-1

3.10.3.3 Planta de peso de espiga

O peso da espiga de cinco plantas seleccionadas aleatoriamente foi registado e, em seguida, a média foi calculada e expressa em g de planta^{-1} .

3.10.3.4 Comprimento da espiga

O comprimento da espiga foi medido da base até à ponta da espiga e expresso em cm.

3.10.3.5 Perímetro da espiga

A circunferência da espiga foi medida no centro da espiga com um compasso de Vernier e expressa em cm.

-1

3.10.3.6 Número de grãos em espiga

O número médio de espigas de cereais^{-1} foi calculado contando o número total de grãos de cinco espigas e dividindo-o pelo número de espigas.

3.10.3.7 Peso de ensaio

Após a pesagem do rendimento líquido de cada parcela, foram retiradas amostras de grãos do produto. Destas, 1000 grãos foram contados e pesados numa balança eletrónica de topo para registar o peso do teste em gramas (g).

3.10.3.8 Percentagem de descasque

A percentagem de descasque foi calculada empiricamente utilizando a seguinte fórmula

$$\text{Descasque (\%)} = \frac{\text{Peso dos grãos}}{\text{Peso das espigas}} \times 100$$

3.10.4 Rendimento e índice de colheita

3.10.4.1 Rendimento biológico

Após a secagem completa ao sol, os feixes colhidos de cada parcela de rede foram recolhidos e, em seguida, o seu peso foi tomado para o rendimento biológico e depois calculado em termos de kg ha 1.

3.10.4.2 Rendimento de grãos

Espiga de cada parcela de rede foram colhidas e guardadas em sacos de artilharia. Após secagem, foram descascados. A produção de grãos de cada parcela da rede foi registada separadamente e finalmente calculada em termos de kg ha 1 após o ajuste de 15 por cento de humidade.

3.10.4.3   **Rendimento do bagaço De**

O rendimento biológico total do grão foi subtraído em cada parcela líquida e o rendimento do colmo expresso em termos de kg ha 1.

3.10.4.4 Índice de colheita

O índice de colheita foi calculado com base na fórmula de Donald e Hamblin (1976).

$$\text{Índice de colheita (HI)} = \frac{\text{Rendimento económico (kg ha 1)}}{\text{Rendimento biológico (kg ha)}^{-1}} \times 100$$

3.10.5 ANÁLISE QUÍMICA DE ERVAS DANINHAS E CULTURAS

3.10.5.1 Teor de nutrientes

As amostras de plantas recolhidas aquando da colheita da cultura foram secas em estufa. Os grãos e as forragens verdes secas foram moídos separadamente para passarem por um peneiro de 40 malhas e utilizados para a determinação do teor de nutrientes de acordo com os seguintes métodos

Nitrogénio : Método colorimétrico com reagente de Nessler (Lindner, 1944)

Fósforo : Ácido vanadomolíbdico fosfórico de cor amarela método (Jackson, 1973)

Potássio : Utilizando o fotómetro de chama (Jackson 1973)

3.10.5.2 Absorção de nutrientes

No caso das culturas e das infestantes, a absorção de nutrientes foi calculada através da seguinte fórmula.

$$\text{Absorção de nutrientes (kg ha}^1) = \frac{\textbf{Produção de matéria seca (kg ha}^1\textbf{) x Teor de nutrientes (\%)}}{100}$$

3.10.5.3 Teor de proteínas no grão

O teor proteico das sementes foi calculado multiplicando o teor de azoto em percentagem das sementes por um fator constante de 6,25 e o rendimento proteico foi estimado utilizando a seguinte fórmula

$$\text{Rendimento proteico (Kg ha} = \frac{\text{Teor proteico das sementes (\%) X Rendimento das sementes (kg ha}^{-1})}{\text{------------ - ------------------}}$$

3.10.6 Análise do solo

Foram colhidas amostras compostas de solo até à profundidade de 15 cm do campo **experimental** para determinação do azoto, fósforo e potássio no solo. O azoto disponível foi determinado pelo método do permanganato de potássio alcalino (Subbiah e Asija, 1956).

O fósforo foi determinado pelo método de Olsen (Olsen et al., 1954). O potássio foi determinado pelo método do fotómetro de chama (Richards, 1968).

3.10.7 ECONOMIA

3.10.7.1 Rendimentos líquidos

Para determinar o tratamento mais rentável, a economia dos diferentes tratamentos foi calculada com base nos preços de mercado prevalecentes em termos de rendimentos líquidos (' ha^1) e do rácio B C. Os pormenores dos cálculos económicos de cada tratamento são apresentados nos apêndices no final.

Rendimento líquido f ha 1) = Rendimento bruto ha 1 - custo de cultivo ha 1

3.10.7.2 Rácio benefício-custo

A relação custo-benefício de cada tratamento foi calculada para determinar a estabilidade económica do tratamento, utilizando a seguinte fórmula

$$\text{Benefício: Custo} = \frac{\text{Rendimentos líquidos f ha 1)}}{\text{Custo total [custo da cultura + tratamento fl ha 1)]}}$$

3.10.8 Análise estatística

3.10.8.1 Análise de variância e teste de significância

Os dados recolhidos durante o inquérito foram submetidos a uma análise estatística, adoptando o método adequado de análise de variância, tal como descrito por Cochran e Cox

(1967). A diferença crítica para a comparação dos tratamentos foi calculada, sempre que o teste F foi considerado significativo a um nível de significância de 5 por cento. Para elucidar os efeitos, foram preparadas tabelas de resumo, juntamente com SEm ± e C.D. a 5 por cento, que são apresentadas no texto do capítulo "Resultados experimentais" e a sua análise de variância é apresentada nos apêndices no final.

3.10.8.2 Estudos de correlação e regressão

Para avaliar a relação entre os vários caracteres, foram calculados os coeficientes de correlação. Além disso, para estabelecer uma relação de causa e efeito, foram elaboradas equações de regressão. Todas estas estimativas estatísticas foram calculadas através de procedimentos estatísticos normalizados (Panse e Sukhatme, 1985).

Capítulo 4
4. RESULTADOS EXPERIMENTAIS

Os resultados da experiência de campo intitulada **"Gestão de ervas daninhas com herbicidas em Maize *(Zea mays* L.)"** conduzido na Instructional Farm, Rajasthan College of Agriculture, Udaipur durante a *kharif* 2016-17 são apresentados neste capítulo. Os dados relativos ao efeito dos diferentes tratamentos nas ervas daninhas e na cultura foram analisados estatisticamente e, depois de os avaliar para o teste de significância, apenas os efeitos significativos são descritos em pormenor e apresentados neste capítulo com a ajuda de quadros e gráficos adequados. A análise de variância para estes dados foi dada no apêndice (I a XV) no final, enquanto os efeitos significativos ao nível de 5% de probabilidade foram indicados por asteriscos.

4.1 ESTUDOS DE ERVAS DANINHAS
4 .1.1 Densidade das infestantes
4.1.1.1 A 30 DAS
Ervas herbáceas

Em comparação com o controlo de ervas daninhas, todos os tratamentos de controlo de ervas daninhas resultaram numa diminuição significativa da densidade de ervas daninhas gramíneas aos 30 DAS (Quadro 4.1). O número mínimo de ervas daninhas (6,67 m 2) foi observado pela aplicação mista de atrazina 0,75 kg ha 1+ pendimetalina 0,75 kg ha 1 PE, que foi encontrado a par com atrazina 1,5 kg ha 1 PE *fb* tembotrione 0,12 kg ha 1 PoE aos 25 DAS (8,00 m 2), atrazina 1,5 kg ha 1 PE *fb* halosulfuron 0,09 kg ha 1
PoE aos 25 DAS (9,00 m 2), atrazina 1,5 kg ha 1 PE (9,67 m 2), atrazina 1,5 kg ha 1 PE *fb*
2, 4-D 0,4 kg ha 1 PoE aos 25 DAS (12,67 m 2). Todos os restantes tratamentos foram significativamente inferiores a estes tratamentos em termos de redução da densidade de ervas daninhas gramíneas, mas significativamente superiores ao controlo de ervas daninhas (136,00 m 2).

Infestantes de folha larga

A aplicação de várias medidas de controlo de ervas daninhas na cultura do milho provocou uma redução significativa da densidade de ervas daninhas de folha larga aos 30 DAS (Quadro 4.1). A densidade mínima de ervas daninhas de folha larga (5,17 m 2) foi exibida pela aplicação de atrazina 0,75 kg ha^{1} + pendimetalina 0,75 kg ha 1 PE mistura. No entanto, pendimetalina 1.0 kg ha^{1} PE *fb* atrazina 0.75 kg ha^{1} + 2,4- D amina 0.4 kg ha^{1} PoE a 25 DAS (23.00 m 2) e atrazina 1.5 kg ha^{1} *PEfb* halosulfuron 0.09 kg ha^{-1} PoE a 25 DAS (25.67 m^{-2}) DAS

Tabela 4.1. Densidade de ervas daninhas gramíneas e de folhas largas aos 30 e 60 DAS no milho

Tratamentos	Erva daninha (m)$^{-2}$		Infestantes de folha larga (m)$^{-2}$	
	30 DAS	**60 DAS**	**30 DAS**	**60DAS**
Controlo (infestante)	136.00 (11.67)	152.67 (12.36)	52.00 (7.24)	63.27 (7.98)
Sem ervas daninhas	2.33 (1.66)	4.33 (2.19)	1.00 (1.21)	2.67 (1.77)
Atrazina 1,5 kg ha^{-1} PE	9.67 (3.18)	11.67 (3.49)	35.33 (5.96)	44.67 (6.70)

Tratamento				
Atrazina0 , 75kgha⁻¹+pendimetalina 0,75 kg ha⁻¹ PE	6.67 (2.60)	7.67 (2.82)	5.17 (2.37)	31.32 (5.59)
Atrazina 1,5 kg ha⁻¹ PE fb 2, 4-D 0,4 kg ha⁻¹ PoE aos 25 DAS	12.67 (3.61)	14.00 (3.79)	30.33 (5.50)	28.66 (5.35)
Halossulfurão 0,09 kg ha⁻¹ PoE a 25 DAS	40.00 (6.35)	42.00 (6.51)	38.33 (6.20)	36.67 (6.09)
Atrazina 1,5 kg ha⁻¹ PE fb halosulfurão 0,09 kg ha⁻¹ PoE aos 25 DAS	9.00 (3.06)	12.33 (3.51)	25.67 (5.05)	35.33 (5.98)
Tembotriona 0,12 kg ha⁻¹ PoE a 25 DAS	114.33 (10.71)	118.00 (10.88)	36.00 (6.03)	46.00 (6.81)
Pendimetalina 1,0 kg ha⁻¹ PE fb atrazina 0,75 kg ha⁻¹ + 2,4- D amina 0,4 kg ha⁻¹ PoE a 25 DAS	89.00 (9.46)	92.00 (9.61)	23.00 (4.84)	29.67 (5.45)
Atrazina 1,5 kg ha⁻¹ PE fb tembotriona 0,12 kg ha⁻¹ PoE aos 25 DAS	8.00 (2.91)	11.33 (3.44)	40.33 (6.37)	48.00 (6.95)
SEm±	2.27	2.79	2.18	2.09
CD 5%	6.75	8.29	6.46	6.20

produziu resultados estatisticamente superiores ao controlo de infestantes (52 m 2). Atrazina 1,5 kg ha ^{1}

PE fb 2, 4-D 0,4 kg ha⁻¹ PoE aos 25 (30,33 m²), atrazina1,5 kg ha⁻¹ PE (35,33 m²), tembotriona 0,12 kg ha¹ PoE aos 25 DAS (36,00 m²), halossulfurão 0,09 kg ha¹ PoE aos 25 (38.33 m 2) e atrazine 1,5 kg ha¹ PE fb tembotrione 0,12 kg ha¹ PoE aos 25 DAS (40,33 m) foram os próximos na ordem de mérito na redução da densidade de ervas daninhas de folha larga m sobre o controlo de ervas daninhas.

4.1.1.2 A 60 DAS

Ervas herbáceas

Todos os tratamentos de controlo de ervas daninhas resultaram numa diminuição significativa da densidade de ervas daninhas gramíneas em relação ao controlo de ervas daninhas aos 60 DAS (Quadro 4.1). O número mínimo de ervas daninhas (7,67 m²) foi observado pela aplicação mista de atrazina 0,75 kg ha¹ + pendimetalina 0,75 kg ha¹ PE, e foi encontrado a par com atrazina 1,5 kg ha¹ PE fb tembotrione 0.12 kg ha¹ PoE aos 25 DAS (11,33 m²), atrazina 1,5 kg ha¹ PE (11,67 m²), atrazina 1,5 kg ha¹ PE fb halossulfurão 0,09 kg ha¹ PoE aos 25 DAS (12,33 m²) e atrazina 1,5 kg ha¹ PE fb

2, 4-D 0,4 kg ha^l PoE aos 25 DAS (14,00 m^2). Todos os restantes tratamentos foram significativamente inferiores a estes tratamentos em termos de redução da densidade de ervas daninhas gramíneas, mas superiores ao controlo de ervas daninhas (136,00 m2).

Ervas daninhas de folha larga

A aplicação de várias medidas de controlo de ervas daninhas na cultura do milho provocou uma redução significativa da densidade de ervas daninhas de folha larga aos 60 DAS (Quadro 4.1). A densidade mínima de ervas daninhas de folhas largas (28,67 m^2) foi exibida pela atrazina 1,5 kg ha^l PE *fb* 2, 4-D 0,4 kg ha^l PoE aos 25 DAS, que foi igual à pendimetalina 1.0 kg ha^l PE *fb* atrazina 0.75 kg ha^l + 2,4-D amina 0.4 kg ha^l PoE aos 25 DAS (29.67 m 2) e atrazina 0.75 kg ha^l +pendimethalin 0.75 kg ha^l PE(31.33 m2). No entanto, atrazina 1,5 kg ha^l PE *fb* halosulfuron 0,09 kg ha^l PoE aos 25 DAS (35,33 m2), halosulfuron 0,09 kg ha^l PoE aos 25 (36,67 m 2), atrazina1,5 kg ha^l PE (44,67 m 2), tembotriona 0.12 kg ha^l PoE aos 25 DAS (46.00 m^2) e atrazine 1.5 kg ha^l PE *fb* tembotrione 0.12 kg ha^l PoE aos 25 DAS (48.00 m^2) foram resultados estatisticamente superiores ao controlo de infestantes (63.27 m2) na redução da densidade de infestantes.

4 .1.2 Matéria seca das infestantes

4.1.2.1 A 30 DAS

Ervas herbáceas

Em comparação com o controlo das infestantes, observou-se uma redução significativa da matéria seca das infestantes gramíneas com os diferentes tratamentos de controlo das infestantes (Quadro 4.2). Aplicação de atrazina 0,75 kgha^l **+ pendimethalin 0.75 kg ha** $_l$ PE **trouxe a maior redução na matéria seca (93.68 por cento) que foi encontrada a par com atrazine 1.5 kg ha** $_l$ PE *fb* **tembotrione 0.12 kg ha** $_l$ **PoE aos 25 DAS (91.50 por cento), atrazine 1.5 kg ha** $_l$ PE *fb* **2, 4-D 0.4 kg ha** $_l$ **PoE aos 25 DAS (88.80 por cento) e atrazine 1.5 kg ha** $_l$ PE **(88.08 por cento) e significativamente mais alto que o resto dos tratamentos. Seguiu-se a atrazina 1,5 kg ha** $_l$ PE *fb* **halosulfurão 0,09 kg ha** $_l$ **PoE aos 25 DAS, pendimetalina 1,0 kg ha** $_l$ PE *fb* **atrazina 0,75 kg ha** $_l$ **+ 2, 4-D amina 0,4 kg ha** $_l$ **PoE aos 25 DAS, halosulfurão 0.09 kg ha** $_l$ **PoE aos 25 DAS e tembotrione 0,12 kg ha** $_l$ **PoE aos 25 DAS, o que levou a uma redução de 87,39, 49,67, 18,59 e 14,67 por cento na matéria seca em comparação com o controlo de ervas daninhas.**

Ervas daninhas de folha larga

Foi observada uma redução significativa na matéria seca das ervas daninhas de folha larga por diferentes tratamentos de controlo de ervas daninhas em relação ao controlo de ervas daninhas (Quadro 4.2). A aplicação de atrazina 0,75 kg ha-1 + pendi metalin 0,75 kg ha^l PE trouxe a maior redução na matéria seca (83,84 por cento) e foi superior aos demais tratamentos. Estes foram seguidos por pendimethalin 1.0 kg ha^l PE *fb* atrazine 0.75 kg ha^l + 2,4-D amine 0.4 kg ha^l PoE a 25 DAS, atrazine 1.5 kg ha^l PE *fb* 2, 4-D 0.4 kg ha^l PoE a 25 DAS, atrazine 1.5 kg ha^l PE *fb* tembotrione 0.12 kg ha^l PoE a 25 DAS, tembotrione 0.12 kg ha^l PoE a 25 DAS, atrazine1.5 kg ha^l PE, atrazine 1.5 kg ha^l PE *fb* halosulfuron 0.09 kg ha^l PoE a 25 DAS e halosulfuron 0.09 kg ha^l PoE a 25 DAS trouxeram cerca de 63.25, 56.97, 40.56, 36.38, 29.95, 15.4 e 14.53 por cento de redução na matéria seca em comparação com o controlo de ervas daninhas.

4.1.2.2 A 60 DAS

Ervas herbáceas

Enquanto todos os tratamentos de controlo de ervas daninhas reduziram a matéria seca de ervas daninhas gramíneas aos 60 DAS, exceto o controlo de ervas daninhas, a sua extensão de declínio variou significativamente (Quadro 4.2).

A maior redução (94,42 por cento) foi registada pela atrazina 0,75 kg ha-^{l} + pendimetalina 0,75 kg ha^l PE e foi superior aos restantes tratamentos. Os seguintes, por ordem de superioridade estatística, foram atrazina 1,5 kg ha^l PE fb 2, 4-D 0,4 kg ha^l PoE a 25 DAS, atrazina 1,5 kg ha^l PE fb halosulfurão 0,09 kg ha^l PoE a 25 DAS, atrazina 1,5 kg ha^l PE *fb* tembotriona 0,12 kg ha^l PoE a 25 DAS, atrazina 1,5 kg ha^l PE, pendimetalina 1.0 kg ha^l PE *fb* atrazine 0.75 kg ha^l + 2,4-D amine 0.4 kg ha^l PoE a 25 DAS, halosulfuron 0.09 kg ha^l PoE a 25 DAS e tembotrione 0.12 kg ha^l PoE a 25 DAS trouxeram cerca de 87.15, 87.16, 87.09, 86.94, 27.92, 20.68 e 20.10 por cento de redução na matéria seca em comparação com o controlo de ervas daninhas.

Infestantes de folha larga

Todos os tratamentos de controlo de infestantes foram responsáveis por uma redução

significativa da matéria seca das infestantes de folha larga aos 60 DAS (Quadro 4.2). O controlo de ervas daninhas através de atrazina 1,5 kg ha^1 PE fb 2, 4-D 0,4 kg ha^1 PoE aos 25 DAS e atrazina 0,75 kg ha-^{1} + pendimethalin 0,75 kg ha^1 PE foram iguais e trouxeram uma redução de 54,84 e 47,78 por cento, respetivamente. Estes foram seguidos por pendimetalina 1,0 kg ha^1 PE *fb* atrazina 0,75 kg ha^1 + 2,4-D amina 0,4 kg ha^1 PoE a 25 DAS, halosulfuron 0,09 kg ha^1 PoE a 25 DAS, atrazina 1,5 kg ha^1 PE *fb* tembotrione 0,12 kg ha^1 PoE a 25 DAS, tembotrione 0.12 kg ha^1 PoE aos 25 DAS, atrazine 1.5 kg ha^1 PE e atrazine 1.5 kg ha^1 PE *fb* halosulfuron 0.09 kg ha^1 PoE aos 25 DAS trouxeram cerca de 45.93, 37.76, 36.39, 35.49, 30.89 e 19.50 por cento de redução na matéria seca em comparação com o controlo de infestantes.

4.1.2.3 Na colheita

Ervas herbáceas

Foi observada uma redução significativa na matéria seca de ervas daninhas na colheita ao aplicar várias opções de controlo de ervas daninhas em estudo contra o controlo de ervas daninhas (Quadro 4.2). Atrazine 0.75 kg ha^1 + pendimethalin 0.75 kg ha^1 PE trouxe a maior redução na matéria seca (92.54 por cento) que foi encontrada a par com atrazine 1.5 kg ha^1 PE *fb* tembotrione 0.12 kg ha^1 PoE a 25 DAS(88.58 por cento), atrazina 1,5 kg ha^1 PE *fb* 2, 4-D 0,4 kg ha^1 PoE aos 25 DAS (88,30 por cento) e atrazina 1,5 kg ha^1 PE *fb* halosulfuron 0,09 kg ha^1 PoE aos 25 DAS (88,21 por cento) e significativamente mais elevado do que o resto dos tratamentos. Seguiu-se a atrazina 1,5 kg ha^1 PE, pendimetalina 1,0 kg ha^1 PE *fb* atrazina 0,75 kg ha^1 + 2, 4-D amina 0,4 kg ha^1 PoE aos 25 DAS,

Quadro 4.2 Matéria seca das ervas daninhas gramíneas e de folha larga aos 30, 60 DAS e na colheita do milho

Tratamentos	Matéria seca de gramíneas (g m)			Matéria seca de infestantes de folha larga (g m)		
	30 DAS	60 DAS	Na colheita	30 DAS	60 DAS	Na colheita
Controlo (infestante)	51.80	63.33	61.33	19.13	25.47	23.40
Sem ervas daninhas	2.07	2.77	2.43	1.05	2.25	1.03
Atrazina1,5 kg ha 1 PE	6.17	8.27	7.40	13.40	17.60	15.70
Atrazina 0, 75 kg ha +pendimetalina 0,75 kg ha PE	3.27	3.53	4.57	3.09	13.30	13.03
Atrazina 1,5 kg ha 1 PE fb 2, 4-D 0,4 kg ha^{-1} PoE aos 25 DAS	5.80	7.90	7.17	8.23	11.50	5.30
Halossulfurão 0,09 kg ha 1 PoE aos 25 DAS	42.17	50.23	48.27	16.35	15.85	14.20

Tratamento						
Atrazina 1,5 kg ha' PE fb halosulfurão 0,09 kg ha PoE aos 25 DAS	6.53	8.13	7.23	15.40	19.50	18.10
Tembotriona 0,12 kg ha 1 PoE aos 25 DAS	44.20	50.60	49.00	12.17	16.43	15.13
Pendimetalina 1,0 kg ha[1] PE *fb* atrazina 0,75 kg ha 1 + 2,4-D amina 0,4 kg ha[1] PoE aos 25 DAS	26.07	45.90	43.93	7.02	13.77	11.23
Atrazina 1,5 kg[ha-1] PE *fb* tembotriona 0,12 kg ha PoE aos 25 DAS	4.40	8.17	7.00	11.37	16.20	14.67
SEm±	0.99	0.92	0.92	0.58	0.66	0.69
CD 5%	2.93	2.73	2.75	1.73	1.96	2.06

Quadro 4.12 Teor de nutrientes (N, P e K) no grão e na palha de milho aquando da colheita

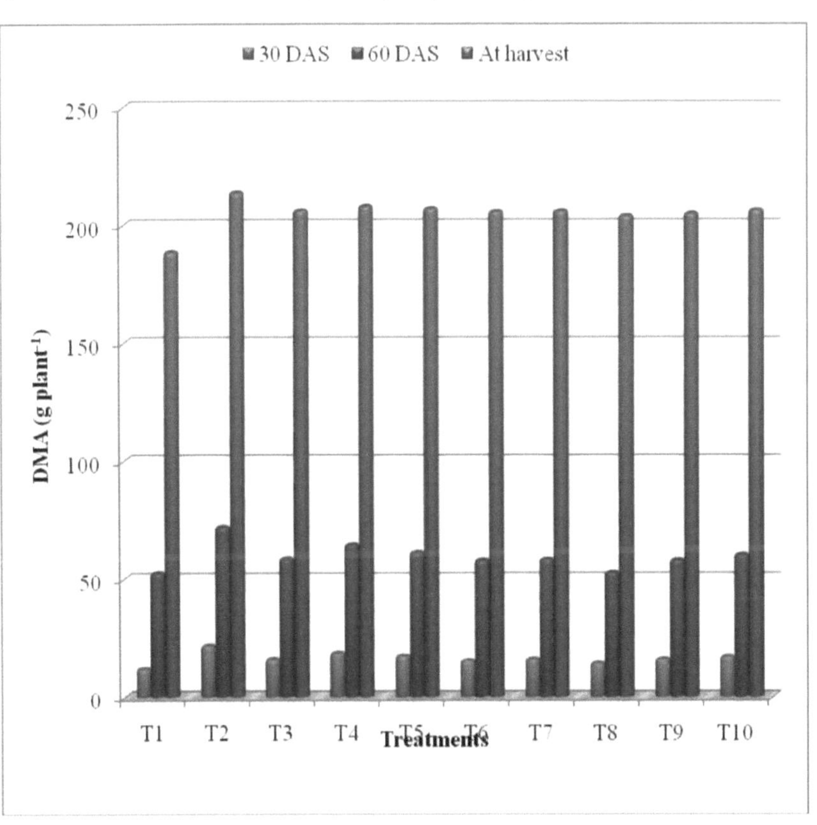

halosulfuron 0.09 kg ha 1 PoE aos 25 DAS, e tembotrione 0.12 kg ha 1 PoE aos 25 DAS, provocaram uma redução de 87.44, 28.27, 21.29, e 20.10 por cento na matéria seca em comparação com o controlo de ervas daninhas.

Erva daninha de folha larga

Todos os tratamentos de controlo de ervas daninhas foram responsáveis por uma queda significativa na matéria seca de ervas daninhas de folha larga em comparação com o controlo de ervas daninhas na colheita (Quadro 4.2). O controlo de ervas daninhas através de atrazina 1,5 kg ha^1 PE *fb* 2, 4-D 0,4 kg ha^1 PoE aos 25 DAS trouxe a maior redução na matéria seca (77,35 -1 por cento). Foi seguido por pendimethalin 1.0 kg ha

PE *fb* atrazina 0,75 kg ha^1 + 2,4-D amina 0,4 kg ha^1 PoE aos 25 DAS, atrazina 0,75kgha-^{1} + pendimetalina 0,75 kg ha^1 PE, halossulfurão 0,09 kg ha^1 PoE aos 25 DAS, atrazina 1,5 kg ha^1 PE *fb* tembotriona 0,12 kg ha^1 PoE aos 25 DAS, tembotriona 0,12 kg ha^1 PoE aos 25 DAS, atrazina 1,5 kg ha^1 PE e atrazina 1,5 kg ha^1 PE *fb* halossulfurão 0,09 kg ha ^{1}

O PoE aos 25 DAS provocou uma redução de 52.00, 44.31, 39.31, 37.30, 35.34, 32.90, e 18.10 por cento na matéria seca em comparação com o controlo de ervas daninhas.

4.1.3 Eficiência do controlo de ervas daninhas

4.1.3.1 A 30 DAS

A maior eficiência de controlo de infestantes (90,97 por cento) foi adquirida pela atrazina 0,75 kg ha^1 + pendimetalina 0,75 kg ha 1 PE, seguida pela atrazina 1,5 kg ha 1 PE fb 2, 4-D 0,4 kg ha 1 PoE aos 25 DAS (80,21 por cento), atrazina 1,5 kg ha 1 PE *fb* tembotrione 0.12 kg ha 1 PoE aos 25 DAS (77,77 por cento), atrazine 1,5 kg ha^1 PE (72,43 por cento), atrazine 1,5 kg ha^1 PE *fb* halosulfuron 0,09 kg ha^1 PoE aos 25 DAS (69,11 por cento), pendimethalin 1,0 kg ha^1 PE *fb* atrazine 0,75 kg ha^{-1} + 2,4-D amine 0,4 kg ha^{-1} PoE aos 25 DAS (53,57 por cento). A eficiência do controlo de ervas daninhas por tembotriona 0,12 kg ha^1 PoE aos 25 DAS foi registada em 20,51%, o que foi significativamente inferior ao resto do tratamento, exceto halosulfurão 0,09 kg ha^1 PoE aos 25 DAS (Quadro 4.3) . A eficiência de controlo das ervas daninhas (17,43%) obtida com halossulfurão 0,09 kg ha^1 PoE aos 25 DAS foi a menor e significativamente inferior aos restantes tratamentos.

4.1.3.2 A 60 DAS

4.1.3.3 Quadro 4.3 Eficiência do controlo das infestantes aos 30 e 60 DAS e índice de infestantes

Tratamentos	Eficiência de controlo das infestantes (%)		Índice de infestantes (%)
	30 DAS	60 DAS	
Controlo (infestante)	0.00	0.00	69.87
Sem ervas daninhas	95.61	94.26	0.00
Atrazina1,5 kg ha^1 PE	72.43	70.74	20.72

Atrazina 0,75 kg ha $^\wedge$+pendimetalina 0,75 kg ha-1 PE	90.97	81.05	5.77
Atrazina 1,5 kg ha^1 PE fb 2, 4-D 0,4 kg ha^1 PoE aos 25 DAS	80.21	78.17	19.37
Halossulfurão 0,09 kg ha^1 PoE a 25 DAS	17.43	25.07	28.11
Atrazina 1,5 kg ha^1 PE fb halosulfurão 0,09 kg ha$^-$ PoE aos 25 DAS	69.11	69.15	22.72
Tembotriona 0,12 kg ha^{-1} PoE a 25 DAS	20.51	24.07	46.29
Pendimetalina 1,0 kg ha^1 PE *fb* atrazina 0,75 kg ha + 2,4-D amina 0,4 kg ha PoE aos 25 DAS	53.57	32.46	26.13
Atrazina 1,5 kg ha^1 PE *fb* tembotriona 0,12 kg ha$^-1$ PoE aos 25 DAS	77.77	72.56	19.85
SEm±	1.71	1.53	2.75
CD 5%	5.08	4.55	8.18

Entre os tratamentos, a eficiência máxima de controlo das ervas daninhas (81,05 por cento) foi compreendida por atrazina 0,75 kg ha^1 + pendimetalina 0,75 kg ha^1 PE, encontrada a par com atrazina 1,5 kg ha^1 PE *fb* 2, 4-D 0,4 kg ha^1 PoE aos 25 DAS (78,17 por cento) seguido de atrazina 1,5 kg ha^1 PE *fb* tembotrione 0,12 kg ha^1 PoE aos 25 DAS (72,56 por cento), atrazina 1,5 kg ha^1 PE (70.74 por cento), atrazine 1.5 kg ha^1 PE *fb* halosulfuron 0.09 kg ha^1 PoE aos 25 DAS (69.15 por cento), pendimethalin 1.0 kg ha^1 PE *fb* atrazine 0.75 kg ha^1 + 2,4-D amine 0.4 kg ha^1 PoE aos 25 DAS (32.46 por cento). A eficiência de controlo de ervas daninhas por halosulfuron 0,09 kg ha^1 PoE aos 25 DAS registou 25,07 por cento, o que foi significativamente inferior ao resto do tratamento, exceto tembotrione 0,12 kg ha^1 PoE aos 25 DAS (Quadro 4.3). A eficiência de controlo de ervas daninhas (24,07 por cento) obtida pelo tembotrione 0,12 kg ha^1 PoE aos 25 DAS foi a menor e significativamente inferior ao resto dos tratamentos.

4.1.4 Índice de infestantes

Entre todos os tratamentos, o índice mínimo de ervas daninhas (5,77 por cento) foi compreendido por atrazina 0,75 kg ha^1 + pendimetalina 0,75 kg ha^1 PE (Tabela 4.3). A ordem seguinte do índice de ervas daninhas foi encontrada como atrazina 1,5 kg ha^1 PE *fb* 2, 4-D 0,4 kg ha^1 PoE aos 25 DAS (19,37 por cento), atrazina 1,5 kg ha^1 PE *fb* tembotrione 0,12 kg ha^1 PoE aos 25 DAS (19.85 por cento), atrazine1.5 kg ha^1 PE (20.72 por cento), atrazine

1.5 kg ha^1 PE *fb* halosulfuron 0.09 kg ha^1 PoE aos 25 DAS (22.72 por -1 cento), pendimethalin 1.0 kg ha

PE *fb* atrazine 0.75 kg ha^1 + 2,4-D amine 0.4 kg ha^1 PoE aos 25 DAS (26.13 por cento). O índice de ervas daninhas do tembotrione 0,12 kg ha^1 PoE aos 25 DAS registou 46,29 por cento, o que foi significativamente superior ao resto do tratamento, exceto o halosulfuron 0,09 kg ha^{-1} PoE aos 25 DAS. O índice de ervas daninhas (28,11%) obtido com halosulfuron 0,09 kg ha^1 PoE aos 25 DAS foi o mais alto e significativamente superior ao resto dos tratamentos.

4.1.5 Absorção de nutrientes pelas ervas daninhas na colheita.

4.1.5.1 Absorção de azoto

A maior absorção de N (16,48 kg ha^1) foi registada sob controlo de ervas daninhas, mas os tratamentos de controlo de ervas daninhas tenderam a reduzi-la significativamente (Quadro 4.4). A menor absorção foi registada pela atrazina 0,75 kg ha^1 + pendimetalina 0,75 kg ha^1 PE (2,24 kg ha^1) em

Quadro 4.4 Absorção de N.P.K. pelas infestantes aquando da colheita do milho

Tratamentos	Absorção de nutrientes pelas ervas daninhas (kg ha 1)		
	N	P	K
Controlo (infestante)	16.48	2.24	23.67
Sem ervas daninhas	0.58	0.10	0.96
Atrazina1,5 kg ha^1 PE	4.80	0.69	6.61
Atrazina 0,75 kg ha ' ■peiidimetlialina 0,75 kg ha^1 PE	2.24	0.41	3.70
Atrazina 1,5 kg ha ' PE fb 2, 4-D 0,4 kg ha^1 PoE aos 25 DAS	2.93	0.44	4.55
Halossulfurão 0,09 kg ha^1 PoE a 25 DAS	11.24	1.87	17.49
Atrazina 1,5 kg ha^1 PE fb halosulfurão 0,09 kg ha$^-$^{1} PoE aos 25 DAS	4.61	0.75	7.09

Tembotriona 0,12 kg ha⁻ PoE a 25 DAS	16.00	2.52	22.60
Pendimetalina 1,0 kg ha¹ *PEfb* atrazina 0,75 kg ha¹ + 2,4-D amina 0,4 kg ha¹ PoE a 25 DAS	9.92	1.65	15.40
Atrazina 1,5 kg ha ' PE *fb* tembotriona 0,12 kg ha⁻¹ PoE aos 25 DAS	4.10	0.64	4.87
SEm±	0.39	0.10	0.54
CD 5%	1.15	0.31	1.59

par com atrazina 1,5 kg ha¹ PE *fb* 2, 4-D 0,4 kg ha¹ PoE aos 25 DAS, seguido de atrazina
1.5 kg ha¹ PE *fb* tembotriona 0,12 kg ha¹ PoE a 25 DAS (4,1 kg ha¹) a par da atrazina
1.5 kg ha¹ PE *fb* halosulfuron 0.09 kg ha¹ PoE aos 25 DAS (4.55 kg ha 1) e atrazine 1.5 kg ha¹ PE (4.80 kg ha¹). A absorção de N pelo halosulfuron 0,09 kg ha¹ PoE aos 25 DAS (11,24 kg ha¹) foi significativamente superior ao resto dos tratamentos, exceto a tembotriona 0,12 kg ha¹ PoE aos 25 DAS. A absorção de N (16,10 kg ha¹) obtida pela aplicação de tembotrione 0,12 kg ha¹ PoE aos 25 DAS foi a mais alta e significativamente superior ao resto dos tratamentos.

4.1.5.2 Absorção de fósforo

Todos os tratamentos de controlo de ervas daninhas resultaram numa queda significativa na absorção de fósforo (Quadro 4.4). A maior absorção de P (2,54 kg ha 1) foi registada sob controlo de ervas daninhas, mas os tratamentos de controlo de ervas daninhas tenderam a reduzi-la significativamente. A menor absorção foi exibida pela atrazina 0,75 kg ha 1 + pendimetalina 0,75 kg ha 1 PE (0,41 kg ha 1) a par da atrazina 1,5 kg ha¹ *PEfb* 2, 4D 0,4 kg ha 1 PoE aos 25 DAS (0,44 kg ha 1), atrazina 1,5 kg ha 1 PE *fb* tembotrione 0,12 kg ha 1 PoE aos 25 DAS (0.64 kg ha 1) e atrazina 1.5 kg ha 1 PE (0.69) seguido de atrazina 1.5 kg ha 1 PE *fb* halosulfuron 0.09 kg ha 1 PoE aos 25 DAS (0.75 kg ha 1) pendimethalin 1.0 kg ha 1 PE *fb* atrazina 0.75 kg ha 1 + 2,4-D amina 0.4 kg ha 1 PoE aos 25 DAS (1.65 kg ha 1). A absorção de fósforo pelo halosulfurão 0,09 kg ha 1 PoE aos 25 DAS (1,87 kg ha) foi significativamente superior ao resto dos tratamentos, exceto a tembotriona 0,12 kg ha 1 PoE aos 25 DAS. A absorção de fósforo (2,52 kg ha 1) obtida pela aplicação de tembotrione 0,12 kg ha 1 PoE aos 25 DAS foi a mais elevada e significativamente superior aos restantes tratamentos.

4.1.5.3 Absorção de potássio

Todos os tratamentos de controlo das infestantes causaram uma descida significativa na absorção de potássio (Quadro 4.4) . A maior absorção de K (23,7 kg ha 1) foi registada sob controlo de ervas daninhas, mas os tratamentos de controlo de ervas daninhas tenderam a reduzi-la significativamente. A menor absorção foi registada pela atrazina 0.75kgha1 + pendimetalina 0.75 kg ha 1 PE (3.70 kg ha 1) a par da atrazina 1.5 kg ha 1 *PEfb* 2, 4-D 0.4 kg ha 1 PoE aos 25 DAS (4.55 kg ha 1) e atrazina 1.5 kg ha 1 PE *fb* tembotrione 0.12 kg ha 1 PoE
-T-1-T-
aos 25 DAS (4,87 kg ha), seguido por atrazina 1,5 kg ha PE (6,61 kg ha), atrazina 1,5 kg ha¹ PE *fb* halosulfuron 0,09 kg ha⁻¹ PoE aos 25 DAS (7,09 kg ha⁻¹), pendimetalina 1,0 kg ha⁻¹ PE

fb atrazina 0,75 kg ha^{-1} + 2,4-D amina 0,4 kg ha^{-1} PoE aos 25 DAS (15,4 kg ha^{-1}). A absorção de potássio por halosulfuron 0,09 kg ha^{-1} PoE aos 25 DAS (17,49 kg ha$^-$) foi significativamente superior ao resto do tratamento, exceto tembotrione 0,12 kg ha^{-1} PoE aos 25 DAS. A absorção de potássio (22,6 kg ha^{-1}) obtida pela aplicação de tembotrione 0,12 kg ha^{-1} PoE aos 25 DAS foi a mais alta e significativamente superior ao resto dos tratamentos.

4.2 ESTUDOS DE CULTURAS

4.2.1 Parâmetros de crescimento

4.2.1.1 População de plantas

A 25 DAS

Os dados apresentados no Quadro 4.5 mostram que as práticas de gestão das infestantes com herbicidas não tiveram influência significativa na população de plantas (000' ha 1) aos 25 DAS.

Na colheita

Os dados (Quadro 4.5) mostram claramente que as práticas de gestão de ervas daninhas com herbicidas não tiveram influência significativa na população de plantas (000' ha 1) na colheita.

4.2.1.2 Altura da planta

A 30 DAS

A altura mínima das plantas (42,67 cm) foi observada no controlo de infestantes (Quadro 4.5) . Todos os herbicidas, aplicados individualmente ou em mistura ou em sequência, e duas mondas manuais resultaram num aumento significativo da altura das plantas. Em comparação com as ervas daninhas não controladas, as ervas daninhas livres tendem a aumentar a altura da planta em 40,61% e permanecem a par com a atrazina 0,75 kg ha 1 + pendimetalina 0,75 kg ha 1 PE. Entre os tratamentos herbicidas, a mistura de atrazine 0.75 kg ha 1 + pendimethalin 0.75 kg ha 1 PE atingiu a altura máxima (59.00 cm) que foi maior em 38.27 por cento sobre o controlo de ervas daninhas, que foi considerado significativamente superior ao resto dos tratamentos. Observou-se ainda que tembotriona 0,12 kg ha 1 PoE aos 25 DAS, atrazina 1,5 kg ha 1 PE, atrazina 1,5 kg ha 1 PE *fb* 2, 4-D 0,4 kg ha 1

-1

PoE aos 25 DAS, pendimetalina 1,0 kg ha

PE *fb* atrazina 0,75 kg ha 1+ 2,4-D amina 0,4 kg ha 1 PoE aos 25 DAS, atrazina 1,5 kg ha 1

PE *fb* halossulfurão 0,09 kg ha 1 PoE aos 25 DAS, halossulfurão 0,09 kg ha 1 PoE aos 25 DAS, e atrazina 1,5 kg ha 1 PE *fb* tembotriona 0,12 kg ha 1 PoE aos 25 DAS mostraram um aumento da altura da planta de 29,66 a 8,46 por cento significativamente mais alto do que o controlo de ervas daninhas.

Quadro 4.5 População de plantas aos 25 DAS e na colheita e altura das plantas aos 30, 60 DAS e na colheita

Tratamentos	População de plantas (000' ha')^1		Altura da planta (cm)		
	25 DAS	Na colheita	30 DAS	60 DAS	colheita
Controlo (infestante)	54.71	54.67	42.67	151.00	195.00
Sem ervas daninhas	63.33	62.66	60.00	224.43	231.43

Tratamento					
Atrazina 1,5 kg ha^{-1} PE	61.22	62.00	54.00	200.60	211.00
Atrazina 0,75 kg ha^{-1} +pendimetalina 0,75 kg ha^{-1} PE	62.00	61.11	59.00	220.30	229.00
Atrazina 1,5 kg ha^{-1} PE fb 2, 4-D 0,4 kg ha^{-1} PoE aos 25 DAS	56.94	56.88	53.00	216.00	223.70
Halossulfurão 0,09 kg ha^{-1} PoE a 25 DAS	55.37	55.33	49.00	209.00	210.33
Atrazina 1,5 kg ha^{-1} PE fb halossulfurão 0,09 kg ha^{-1} PoE aos 25 DAS	55.36	55.33	52.33	200.00	209.00
Tembotriona 0,12 kg ha^{-1} PoE a 25 DAS	55.28	54.88	55.33	197.43	200.23
Pendimetalina 1,0 kg ha^{-1} PE fb atrazina 0,75 kg ha^{-1} + 2,4-D amina 0,4 kg ha^{-1} PoE aos 25 DAS	56.00	55.90	52.67	205.93	212.00
Atrazina 1,5 kg ha^{-1} PE fb tembotriona 0,12 kg ha^{-1} PoE a 25 DAS	55.61	55.55	45.00	201.47	215.00
SEm±	1.27	1.32	1.29	5.10	4.28
CD 5%	NS	NS	3.84	15.14	12.72

A 60 DAS

Em comparação com as infestantes não controladas, a ausência de infestantes tende a aumentar a altura das plantas em 46,64%, a par da atrazina 0,75 kg ha 1 + pendimetalina 0,75 kg ha 1

PE e atrazina 1,5 kg ha 1 PE *fb* 2, 4-D 0,4 kg ha 1 PoE aos 25 DAS (Quadro 4.5). Entre os tratamentos herbicidas, a mistura composta por atrazina 0,75 kg ha 1 + pendimetalina 0,75 kg ha 1 PE atingiu a altura máxima (220,30 cm), a par de atrazina 1,5 kg ha 1 PE fb 2, 4-D 0,4 kg ha 1 PoE aos 25 DAS, halossulfurão 0,09 kg ha 1 PoE aos 25 DAS e pendimetalina 1,0 kg ha 1 PE *fb* atrazina 0,75 kg ha 1+ 2,4-D amina 0,4 kg ha 1

PoE aos 25 DAS, mas foi significativamente maior em 45,89 por cento em relação ao controlo de ervas daninhas. Observou-se ainda que a atrazina 1,5 kg ha 1 PE *fb* tembotrione 0,12 kg ha 1 PoE aos 25 DAS, atrazina 1,5 kg ha 1 PE, atrazina 1,5 kg ha 1 PE *fb* halosulfuron 0,09 kg ha 1 PoE aos 25 DAS e tembotrione 0,12 kg ha 1 PoE aos 25 DAS aumentam a altura da planta de 30,74 a 33,42 por cento significativamente mais alto do que o controlo infestante.

Na colheita

Uma leitura dos dados revelou que, em comparação com as ervas daninhas não controladas, as ervas daninhas livres tendem a aumentar a altura da planta em 18,68%, a par da atrazina 0,75 kg ha 1 + pendimetalina 0,75 kg ha 1 PE e atrazina 1,5 kg ha 1 PE *fb* 2, 4-D 0,4 kg ha 1 PoE aos 25 DAS (Quadro 4.5). Entre os tratamentos herbicidas, a mistura composta por atrazina 0,75 kg ha 1 + pendimetalina 0,75 kg ha 1 PE atingiu a altura máxima (229,00 cm), a par da atrazina 1,5 kg ha 1 *PEfb* 2, 4D 0,4 kg ha 1 PoE aos 25 DAS, mas foi significativamente maior em 17,43 por cento em relação ao controlo de ervas daninhas. Observou-se ainda que a atrazina 1,5 kg ha 1 *PEfb* 2, 4-D 0,4 kg ha 1 PoE aos 25 DAS, atrazina 1,5 kg ha 1 PE *fb* tembotrione 0,12 kg ha 1 PoE aos 25 DAS, pendimetalina 1,0 kg ha 1 PE fb atrazina 0,75 kg ha 1+ 2,4-D amina 0,4 kg ha 1 PoE aos 25 DAS, atrazina 1.5 kg ha 1 PE, halossulfurão 0,09 kg ha 1 PoE aos 25 DAS, atrazina 1,5 kg ha 1 PE *fb* halossulfurão 0,09 kg ha 1 PoE aos 25 DAS e tembotriona 0,12 kg ha 1 PoE aos 25 DAS aumentam a altura da planta de 10,25 a 2,68 por cento significativamente mais alto do que o controlo de ervas daninhas.

4.2.1.3 Acumulação de matéria seca da planta

A 30 DAS

Uma avaliação dos números revelou que, em comparação com o controlo das ervas daninhas, foi registado um aumento significativo da matéria seca ao controlar as ervas daninhas através de diferentes meios (Quadro 4.6). Em comparação com as ervas daninhas não controladas, a ausência de ervas daninhas tendeu a aumentar a acumulação de matéria seca da planta em 80,58%. O máximo de matéria seca foi acumulado pelas plantas quando as ervas daninhas foram controladas pela mistura de atrazina 0,75 kg ha 1 + pendimetalina 0,75 kg ha 1 PE (18,67 gramas plano 1), que foi maior em 55,58 por cento em relação ao controle de ervas daninhas e foi significativamente superior ao resto dos tratamentos. Observou-se ainda que a atrazina 1,5 kg ha 1 PE *fb* 2, 4-D 0,4 kg ha 1 PoE a 25 DAS, atrazina 1,5 kg ha 1 PE *fb* tembotrione 0,12 kg ha 1 PoE a 25 DAS, atrazina 1,5 kg ha 1 PE, atrazina 1,5 kg ha 1 PE *fb* halosulfuron 0.09 kg ha 1 PoE a 25 DAS e pendimethalin 1.0 kg ha 1 *PEfb* atrazine 0.75 kg ha 1+ 2,4-D amine 0.4 kg ha 1 PoE a 25 DAS deu 33.33 a 44.41 por cento de acumulação significativa de matéria seca mais alta, permanecendo estatisticamente superior ao controlo de ervas daninhas (12.00 grama planta 1). O controle de ervas daninhas por halosulfuron 0,09 kg ha 1 PoE aos 25 DAS, deu 27,75% de aumento de matéria seca sobre o controle de ervas daninhas, no entanto, foi significativamente inferior ao resto do tratamento, exceto tembotrione 0,12 kg ha 1 PoE aos 25 DAS. O incremento de acumulação de matéria seca (19,41 por cento) obtido devido ao tembotrione 0,12 kg ha^{-1} PoE aos 25 DAS foi o menor e significativamente inferior ao resto dos tratamentos.

A 60 DAS

A matéria seca mínima da cultura (52,48 gramas plano 1) foi encontrada em condições de ervas daninhas (Tabela

4.6) . Em comparação com o controlo das ervas daninhas, foi registado um aumento significativo da matéria seca através do controlo das ervas daninhas por diferentes meios. Em comparação com as ervas daninhas não controladas, a ausência de ervas daninhas tendeu a aumentar a acumulação de matéria seca da planta em 37,19%. O máximo de matéria seca foi acumulado pelas plantas quando as ervas daninhas foram controladas por uma mistura de atrazina 0,75 kg ha 1 + pendimetalina 0,75 kg ha 1 PE (64,60 gramas planta 1), que foi encontrado a par com atrazina 1,5 kg ha^{1} PE *fb* 2, 4-D 0,4 kg ha^{1} PoE aos 25 DAS e significativamente maior em 23,09 por cento sobre o controle de ervas daninhas e encontrado significativamente superior ao resto dos tratamentos. Foi ainda observado que a atrazina 1,5 kg ha^{1} PE *fb* 2, 4-D 0,4 kg ha^{1} PoE aos 25 DAS,

4.7)

Quadro 4.6 Acumulação de matéria seca aos 30, 60 DAS e na colheita e dias até 50 por cento de desfolhamento e ensilagem do milho

Tratamentos	Acumulação de **matéria seca** (g planta)	Dias até 50 por cento de borragem e de ensilagem

	30 DAS	60 DAS	Na colheita	Borla	Silking
Controlo (infestante)	12.00	52.48	188.67	53.33	61.33
Sem ervas daninhas	21.67	72.00	213.88	51.00	58.33
Atrazina1,5 kg ha^l PE	16.00	58.67	206.11	52.33	60.00
Atrazina 0,75 kg ha $^\wedge$+pendimetalina 0,75 kg ha-^{l} PE	18.67	64.60	208.00	53.00	60.00
Atrazina 1,5 kg ha^l PE fb 2, 4-D 0,4 kg ha^{-l} PoE aos 25 DAS	17.33	61.33	206.98	52.33	60.00
Halossulfurão 0,09 kg ha^l PoE a 25 DAS	15.33	58.00	205.66	51.33	60.33
Atrazina 1,5 kg ha^l PEfb halossulfurão 0,09 kg ha^l PoE aos 25 DAS	16.00	58.33	206.00	53.33	60.33
Tembotriona 0,12 kg ha^l PoE a 25 DAS	14.33	52.55	204.00	53.00	60.67
Pendimetalina 1,0 kg ha^l PE *fb* atrazina 0,75 kg ha$^-$ + 2,4-D amina 0,4 kg ha^{-l} PoE a 25 DAS	16.00	58.00	205.00	51.67	60.33
Atrazina 1,5 kg ha^l PE *fb* tembotriona 0,12 kg ha$^-$ PoE a 25 DAS	17.00	60.32	206.32	52.67	59.33
SEm±	0.41	1.33	2.26	0.37	0.41
CD 5%	1.22	3.94	6.70	NS	NS

atrazina 1,5 kg ha^l PE *fb* tembotriona 0,12 kg ha^l PoE aos 25 DAS, atrazina 1,5 kg ha ^{l}
PE, atrazine 1,5 kg ha^l PE fb halosulfuron 0,09 kg ha^l PoE aos 25 DAS, halosulfuron 0,09 kg ha^l

PoE aos 25 DAS e pendimethalin 1,0 kg ha^l *PEfb* atrazine 0,75 kg ha $^+$ 2,4-D amine 0,4 kg ha^l PoE aos 25 DAS acumulam matéria seca 16,86 a 10,51 por cento significativamente mais elevada acumulação de matéria seca permaneceu estatisticamente superior ao controlo de infestantes. O controlo de ervas daninhas por tembotriona 0,12 kg ha^l PoE aos 25 DAS aumentou a matéria seca em 00,13 por cento em relação ao controlo de ervas daninhas, no entanto, foi considerado significativamente inferior ao resto do tratamento.

Na colheita

A matéria seca mínima da cultura (188,67 gramas plat^l) foi registada quando não foi feita qualquer monda (Quadro 4.6). Em comparação com as ervas daninhas não controladas, a ausência de ervas daninhas tendeu a aumentar a acumulação de matéria seca da planta em 13,36%. Vários tratamentos de controle de ervas daninhas resultaram em um aumento significativo no acúmulo de matéria seca, variando de 8,12% sob o efeito de tembotrione 0,12 kg ha^l PoE aos 25 DAS a 10,24% sob o efeito de atrazine 0,75 kg ha^l + pendimethalin 0,75 kg ha ^{l}

PE. Embora a aplicação de atrazina 0,75 kg ha^l + pendimetalina 0,75 kg ha^l PE tenha resultado na maior acumulação de matéria seca (208 gramas de planta^l), foi igual à atrazina 1.5 kg ha^l PE *fb* 2, 4-D 0.4 kg ha^l PoE a 25 DAS, atrazina 1.5 kg ha^l PE *fb* tembotrione 0.12 kg ha^l PoE a 25 DAS, atrazina 1.5 kg ha^l PE, atrazina 1.5 kg ha^l PE *fb* halosulfuron 0.09 kg ha^l PoE aos 25 DAS, halosulfurão 0,09 kg ha^l PoE aos 25 DAS, pendimetalina 1,0 kg ha^l PE *fb* atrazina 0,75 kg ha^l + 2,4-D amina 0,4 kg ha^l PoE aos 25 DAS, e tembotriona 0.12 kg ha^l PoE aos 25 DAS, o que representou um aumento de 9.70, 9.37, 9.24, 9.18, 9.00, 8.65, 8.12 por cento na acumulação de matéria seca, respetivamente, em relação ao controlo de ervas daninhas.

4.2.1.4 Fitotoxicidade de herbicidas no milho

A 32 DAS

Os dados (Quadro 4.7) mostram claramente que os herbicidas não tiveram uma influência fitotóxica significativa na planta do milho aos 32 DAS. No entanto, observou-se uma ligeira descoloração e atrofiamento da planta devido aos herbicidas (atrazina 1,5 kg ha^l PE *com* halossulfurão 0,09 kg ha^l PoE aos 25 DAS, halossulfurão 0.09 kg ha^l PoE aos 25 DAS, tembotrione 0.12 kg ha^l PoE aos 25 DAS e atrazine 1.5 kg ha^l PE *fb* tembotrione 0.12 kg ha^l PoE aos 25 DAS) tem classificação respetivamente, 1, 2, 2 e 3.

Quadro 4.7 Fitotoxicidade de herbicidas no milho aos 32, 39 e 46 DAS

Tratamentos	Fitotoxicidade herbicida		
	32 DAS	39 DAS	36 DAS
Controlo (infestante)	0.00	0.00	0.00
Sem ervas daninhas	0.00	0.00	0.00
Atrazina1,5 kg ha 1 PE	0.00	0.00	0.00
Atrazina 0,75 kg ha 1+pendimetalina 0,75 kg ha^l PE	0.00	0.00	0.00

	0.00	0.00	0.00
Atrazina 1,5 kg ha[1] PE fb 2, 4-D 0,4 kg ha[1] PoE aos 25 DAS	0.00	0.00	0.00
Halossulfurão 0,09 kg ha[1] PoE a 25 DAS	2.00	0.33	0.50
Atrazina 1,5 kg ha[1] PE fb halosulfurão 0,09 kg ha[-1] PoE aos 25 DAS	1.00	0.23	0.17
Tembotriona 0,12 kg ha[1] PoE a 25 DAS	2.00	0.00	0.00
Pendimetalina 1,0 kg ha[1] *PEfb* atrazina 0,75 kg ha[1] + 2,4-D amina 0,4 kg ha[1] PoE a 25 DAS	0.00	0.00	0.00
Atrazina 1,5 kg ha[1] PE *fb* tembotriona 0,12 kg ha[-1] PoE aos 25 DAS	3.00	0.33	0.00
SEm±	0.41	0.08	0.06
CD 5%	NS	NS	NS

Aos 39 DAS

Os dados (Quadro 4.7) mostraram que os herbicidas não tiveram um efeito fitotóxico significativo na planta de milho aos 39 DAS.

Aos 46 DAS

Os dados apresentados no quadro 4.5 mostram que o herbicida não teve um efeito fitotóxico significativo no milho aos 46 DAS.

4.2.1.5 Índices de crescimento

a) Índice de área foliar

A 30 DAS

Uma avaliação dos dados (Quadro 4.8) indica que o índice de área foliar mais elevado (1,290) foi registado em condições sem ervas daninhas, o que foi 20,56 por cento mais elevado do que o controlo de ervas daninhas. Entre os tratamentos herbicidas, a mistura de atrazina 0,75 kg ha 1 + pendimetalina 0,75 kg ha 1 PE deu o índice de área foliar mais alto (1,267), que foi 15,54% mais alto do que o controlo de ervas daninhas, a par de sem ervas daninhas e atrazina 1,5 kg ha 1 PE *fb*

2, 4-D 0,4 kg ha 1 PoE aos 25 DAS, atrazina 1,5 kg ha[1] *PEfb* tembotriona 0,12 kg ha [1]

PoE aos 25 DAS e significativamente superior ao resto dos tratamentos. Observou-se ainda que a atrazina 1,5 kg ha 1 PE fb 2, 4-D 0,4 kg ha 1 PoE aos 25 DAS, atrazina 1,5 kg ha 1 PE *fb* tembotriona 0,12 kg ha 1 PoE aos 25 DAS, atrazina 1,5 kg ha 1 PE, pendimetalina 1,0 kg ha 1 PE *fb* atrazina 0.75 kg ha 1+ 2,4-D amina 0,4 kg ha 1 PoE aos 25 DAS e atrazina 1,5 kg ha 1 PE *fb* halosulfuron 0,09 kg ha 1 PoE aos 25 DAS aumentaram o índice de área foliar de 9,34 a 14,64 por cento significativamente superior ao controlo de ervas daninhas (1,07). O controlo de ervas daninhas por halosulfuron 0,09 kg ha 1 PoE aos 25 DAS, aumentou o índice de área foliar em 6,5 por cento em relação ao controlo de ervas daninhas, no entanto, foi significativamente inferior ao resto do tratamento, exceto tembotrione 0,12 kg ha 1 PoE aos 25 DAS. O incremento no índice de área foliar (2,8 por cento) devido ao tembotrione 0,12 kg ha 1 PoE aos 25 DAS foi o menor e significativamente inferior ao resto dos tratamentos.

A 60 DAS

Ficou claro a partir dos dados (Tabela 4.8) que o índice de área foliar mais alto (3,21) foi registado em condições sem ervas daninhas, o que é 15,97 por cento mais alto do que o controlo de ervas daninhas. Entre os tratamentos herbicidas, a mistura de atrazina 0,75 kg ha^1 + pendimetalina 0,75 kg ha^1 PE deu o índice de área foliar mais alto (3,08), que foi 11,48% mais alto do que o controlo de ervas daninhas, a par da atrazina 1.5 kg ha^1 PE fb 2, 4-D 0,4 kg ha^1 PoE aos 25 DAS e atrazina 1,5 kg ha^1 PE *fb* tembotrione 0,12 kg ha^1 PoE aos 25 DAS e significativamente superior ao resto dos tratamentos. Observou-se ainda que a atrazina 1,5 kg ha^1 PE *fb* 2, 4-D 0,4 kg ha^1 PoE aos 25 DAS, atrazina 1,5 kg ha^1 PE *fb* tembotrione 0,12 kg ha^1 PoE aos 25 DAS, atrazina 1,5 kg ha^1 PE, atrazina 1,5 kg ha^1 PE fb halosulfuron 0.09 kg ha^1 PoE aos 25 DAS e pendimethalin 1,0 kg ha^1 PE *fb* atrazine 0,75 kg ha^1 + 2,4-D amine 0,4 kg ha^1 PoE aos 25 DAS aumentaram o índice de área foliar de 6,15 a 9,78 por cento significativamente superior ao controlo de ervas daninhas (2,76). O controlo de ervas daninhas por halosulfuron 0,09 kg ha^1 PoE aos 25 DAS, aumentou 5,79 por cento o índice de área foliar em relação ao controlo de ervas daninhas, no entanto, foi significativamente inferior ao resto do tratamento, exceto tembotrione 0,12 kg ha^1 PoE aos 25 DAS. O incremento no índice de área foliar (2,17 por cento) devido ao tembotrione 0,12 kg ha^1 PoE aos 25 DAS foi o menor e significativamente inferior ao resto dos tratamentos.

b) CGR entre 30-60 DAS

Um exame dos dados (Tabela 4.8) revelou que a condição livre de ervas daninhas produziu o maior CGR de 11,437 g m^2 dia^1 entre 30-60 DAS, a par com atrazina 0,75 kg ha ^{1} + pendimethalin 0.75 kg ha^1 PE e 17.79 por cento mais alto que o controlo de infestantes. Entre as práticas de manejo de ervas daninhas herbicidas, o maior CGR (10,677 g m2 dia^1) foi encontrado com atrazina 0,75 kg ha^1 + pendimetalina 0,75 kg ha^1 PE, que é significativamente maior em 9.93 por cento sobre o controlo de ervas daninhas, a par de atrazina 1,5 kg ha^1 PE *fb* 2, 4-D 0,4 kg ha^1 PoE a 25 DAS, controlo de ervas daninhas, atrazina 1,5 kg ha^1 PE *fb* tembotrione 0,12 kg ha ^{1}

PoE aos 25 DAS, seguido de halossulfurão 0,09 kg ha^1 PoE aos 25 DAS, atrazina 1,5 kg ha^1 , e pendimetalina 1,0 kg ha^1 PE *fb* atrazina 0,75 kg ha^1 + 2,4-D amina 0,4 kg ha ^{1}

PoE aos 25 DAS. Observou-se ainda que a condição de controlo de ervas daninhas tem CGR significativamente superior a outros tratamentos, exceto atrazina 0,75 kg ha^1 + pendimetalina 0,75 kg ha^1 PE e atrazina 1,5 kg ha^1 PE *fb* 2, 4-D 0,4 kg ha^1 PoE aos 25 DAS. O controlo de ervas daninhas por halossulfurão 0,09 kg ha^1 PoE aos 25 DAS e tembotriona 0,12 kg ha^1 PoE aos 25 DAS foi significativamente inferior ao controlo de ervas daninhas em 9,17 e 30,64 por cento, respetivamente.

Tabela 4.8 LAI aos 30 e 60 DAS e CGR e RGR aos 30-60 DAS em labirinto.

Tratamentos	LAI em 30 DAS	LAI em 60 DAS	CGR a 30-60 DAS g $^{\wedge}$ ($_m$ da$_{-1}$ $_y$)	RGR a 3060 DAS (g **g**, 1 da $_y$ -1)
Controlo (infestante)	1.07	2.76	9.703	0.0214
Sem ervas daninhas	1.29	3.21	11.437	0.0167

Atrazina 1,5 kg ha^1 PE	1.18	2.98	9.333	0.0187
Atrazina 0,75 kg ha $^\wedge$+pendimetalina 0,75 kg ha-1 PE	1.27	3.08	10.667	0.0179
Atrazina 1,5 kg ha 1 PE fb 2, 4-D 0,4 kg ha^1 PoE aos 25 DAS	1.25	3.00	10.030	0.0187
Halossulfurão 0,09 kg ha^1 PoE a 25 DAS	1.14	2.92	8.813	0.0167
Atrazina 1,5 kg ha^1 PE fb halosulfurão 0,09 kg ha^1 PoE aos 25 DAS	1.17	2.98	9.407	0.0183
Tembotriona 0,12 kg ha^1 PoE a 25 DAS	1.10	2.82	7.427	0.0187
Pendimethaljn 1,0 kg ha^1 PE *fb* atrazina 0,75 kg ha+ 2,4-D amina 0,4 kg ha PoE a 25 DAS	1.17	2.93	9.330	0.0190
Atrazina 1,5 kg ha^1 PE *fb* tembotriona 0,12 kg ha^{-1} PoE aos 25 DAS	1.20	3.03	9.560	0.0177
SEm±	0.03	0.03	0.390	0.0009
CD 5%	0.07	0.08	1.159	NS

c) RGR entre 30-60 DAS

É evidente a partir dos dados (Quadro 4.8) que as práticas de gestão de ervas daninhas com herbicidas não tiveram influência significativa na RGR (g g 1 dia 1) aos 30-60 DAS.

4.2.1.6 Dias para 50% de desfolhamento

É explicitamente claro a partir dos dados (Quadro 4.6) que as práticas de gestão de ervas daninhas com herbicidas não tiveram um efeito significativo em 50 por cento do desfolhamento, mas a condição de ausência de ervas daninhas levou menos dias para 50 por cento do desfolhamento.

4.2.1.7 Dias até 50% de silagem

Tal como os dias para o despontar, as práticas de gestão de ervas daninhas com herbicidas não tiveram um efeito significativo em 50 % de desponta, mas a condição de ausência de ervas daninhas levou os dias mais baixos para 50 % de desponta (Quadro 4.6).

4.2.2 Parâmetros de rendimento
4.2.2.1 Número de espigas de cereais

Foi evidente a partir dos dados (Quadro 4.9) que, em comparação com as ervas daninhas não controladas, a ausência de ervas daninhas tendeu a aumentar o número de grãos de milho cob 1 em 9,43%. A aplicação de herbicidas para controlar as ervas daninhas, quer isoladamente quer em misturas ou em sequência, resultou num aumento significativo do número de grãos em comparação com o controlo das ervas daninhas. Entre os tratamentos com herbicidas, a mistura de atrazina 0,75 kg ha 1 + pendimetalina 0,75 kg ha 1 PE deu o número máximo de espigas de grão 1 (272,70), que foi superior em 7,22 por cento ao controlo de ervas daninhas, a par de sem ervas daninhas e atrazina 1,5 kg ha 1 PE fb 2, 4-D 0,4 kg ha 1 PoE aos 25 DAS e foi significativamente superior aos restantes tratamentos. Concluiu-se ainda que a atrazina 1,5 kg ha 1 PE *fb* 2, 4-D 0,4 kg ha 1 PoE aos 25 DAS, atrazina 1,5 kg ha 1 PE *fb* tembotriona 0,12 kg ha 1 PoE aos 25 DAS, atrazina1,5 kg ha 1 PE, DAS, pendimetalina 1,0 kg ha 1 PE *fb* atrazina 0,75 kg ha 1+ 2,4-D amina 0.4 kg ha 1 PoE aos 25 DAS e atrazina 1,5 kg ha 1 PE *fb* halosulfuron 0,09 kg ha 1 PoE aos 25 deram 1,95 a 4,74 por cento de rendimento significativamente maior e permaneceram estatisticamente superiores ao controlo de ervas daninhas (254,33) no número de grãos de milho cob 1. Controlo de ervas daninhas por halosulfuron 0,09 kg ha 1

PoE aos 25 DAS, deu 1,91% de aumento no número de grãos em relação ao controle de ervas daninhas, no entanto, foi -1 significativamente inferior ao resto do tratamento exceto tembotrione 0.12 kg ha **PoE aos 25 DAS. O número de espigas de grão**[1] **incremento (1,2 por cento) obtido devido ao** tembotrione 0,12 kg ha[1] PoE aos 25 DAS foi o menor e significativamente inferior ao resto dos tratamentos.

4.2.2.2 Peso da planta de cereais

Os dados inferiram (Quadro 4.9) que, em comparação com as ervas daninhas não controladas, a planta sem ervas daninhas tendeu a aumentar o peso do grão[1] **em 24,62 por cento. A aplicação de herbicidas para controlar as ervas daninhas, quer isoladamente quer em misturas ou em sequência, resultou num aumento significativo do peso dos grãos em comparação com o controlo das ervas daninhas. Entre os tratamentos com herbicidas, a mistura de atrazina 0,75 kg ha**[1] **+ pendimetalina 0,75 kg ha**[1] **PE deu o máximo de peso de grão**[1] **(272,70), que foi superior em 13,17 por cento ao controlo das ervas daninhas e foi significativamente superior aos restantes tratamentos. Foi ainda revelado que a atrazina 1,5 kg ha**[1] **PE fb 2, 4-D 0,4 kg ha**[1] **PoE a 25 DAS, atrazina 1,5 kg ha**[1] **PE *fb* tembotrione 0,12 kg ha**[1] **PoE a 25 DAS, atrazina1,5 kg ha**[1] **PE, DAS atrazina 1,5 kg ha**[1] **PE *fb* halosulfuron 0.09 kg ha**[1] **PoE a 25 DAS e pendimethalin 1.0 kg ha**[1] **PE *fb* atrazine 0.75 kg ha**[1] **+ 2,4-D amine 0.4 kg ha**[1] **PoE a 25 DAS deu 6.32 a 8.37 por cento de peso de grão significativamente mais alto permaneceu estatisticamente superior ao controlo de ervas daninhas (96.40 grama) no peso de grão de milho. O controlo de ervas daninhas por halosulfuron 0,09 kg ha**[1] **PoE aos 25 DAS, deu 5,17% de aumento do peso do grão em relação ao controlo de ervas daninhas, no entanto, foi significativamente inferior ao resto do tratamento, exceto tembotrione 0,12 kg ha**[1] **PoE aos 25 DAS. O peso da planta de grãos**[1] **incremento (4,76 por cento) obtido devido ao tembotrione 0,12 kg ha**[1] **PoE aos 25 DAS foi o menor e significativamente inferior ao resto dos tratamentos.**

Quadro 4.9 Número de espigas de grão 1, peso da planta de grão 1, peso da planta de espiga 1 e número de plantas de espiga no milho

Tratamentos	Número de grãos .-1 espiga	Peso do grão p[lant] - (g)	Peso da espiga p[lant] - (g)	Número de espigas . .-1 fábrica
Controlo (infestante)	254.33	96.40	161.53	1.05
Sem ervas daninhas	278.33	120.14	203.72	1.11

Atrazina1,5 kg ha 1 PE	260.00	103.99	191.17	1.08
Atrazina 0,75 kg ha 1+pendimetalina 0,75 kg ha-1 PE	272.70	109.67	196.37	1.10
Atrazina 1,5 kg ha^1 PE fb 2, 4-D 0,4 kg ha^1 PoE aos 25 DAS	266.40	104.47	194.33	1.09
Halossulfurão 0,09 kg ha^1 PoE a 25 DAS	259.20	101.39	186.94	1.08
Atrazina 1,5 kg ha^{-1} PEfb halossulfurão 0,09 kg ha^1 PoE aos 25 DAS	259.30	102.91	192.03	1.07
Tembotriona 0,12 kg ha^1 PoE a 25 DAS	257.40	100.99	182.65	1.07
Pendimetalina 1,0 kg ha^1 PE *fb* atrazina 0,75 kg ha^1 + 2,4-D amina 0,4 kg ha^{-1} PoE aos 25 DAS	259.43	102.50	190.97	1.08
Atrazina 1,5 kg ha^1 PE *fb* tembotriona 0,12 kg ha^{-1} PoE aos 25 DAS	263.70	104.00	192.83	1.09
SEm±	2.68	1.50	3.99	0.01
CD 5%	7.96	4.47	11.86	NS

4.2.2.3 Planta de peso de espiga

Os dados (Quadro 4.9) mostraram claramente que, em comparação com as ervas daninhas não controladas, a ausência de ervas daninhas tendeu a aumentar o peso da espiga da planta 1 em 26,11%, a par da atrazina 0,75 kg ha 1 + pendimetalina 0.75 kg ha 1 PE, atrazina 1,5 kg ha 1 PE *fb* 2, 4-D 0,4 kg ha 1 PoE aos 25 DAS, atrazina 1,5 kg ha 1 PE *fb* halosulfuron 0,09 kg ha 1 PoE aos 25 DAS e atrazina 1,5 kg ha 1 PE *fb* tembotrione 0,12 kg ha 1 PoE aos 25 DAS. A aplicação de herbicidas para controlar as ervas daninhas, quer isoladamente quer em mistura ou em sequência, resultou num aumento significativo do peso das espigas em comparação com o controlo das ervas daninhas. Entre os tratamentos herbicidas, a mistura de atrazina 0,75 kg ha 1 + pendimetalina 0 ,75 kg ha 1PE   deu   o máximo de peso de espiga na planta 1 (196.37

grama), que foi superior em   21, 56% ao controlo das ervas daninhas, a par de atrazina 1,5 kg ha 1 PE,

atrazina 1,5 kg ha1 *PEfb2* , 4-D 0,4 kgha 1 PoEat 25 DAS, halossulfurão 0,09 kg ha 1

PoE aos 25 DAS, atrazina 1,5 kg ha   1 PE *fbhalosulfuron* 0,09 kg ha 1 PoE

aos 25   DAS,

pendimethalin 1.0 kg ha 1 PE *fb* atrazine 0.75 kg ha 1+ 2,4-D amine 0.4 kg ha 1 PoE aos 25 DAS e atrazine 1.5 kg ha 1 PE *fb* tembotrione 0.12 kg ha 1 PoE aos 25 DAS, e foram significativamente superiores aos restantes tratamentos. Foi ainda observado que a atrazina 1,5 kg ha 1 PE fb 2, 4-D 0,4 kg ha 1 PoE aos 25 DAS, atrazina 1,5 kg ha 1 PE *fb* tembotrione 0,12 kg ha 1 PoE aos 25 DAS, atrazina 1,5 kg ha 1 PE fb halosulfuron 0,09 kg ha 1 PoE aos 25 DAS, atrazina 1.5 kg ha 1 PE, e pendimetalina 1,0 kg ha 1 PE *fb* atrazina 0,75 kg ha 1+ 2,4-D amina 0,4 kg ha 1 PoE aos 25 DAS deu 18,22 a 20,30 por cento de peso significativo de espiga mais alto e permaneceu estatisticamente superior ao controlo de ervas daninhas (161,53 gramas) no peso da espiga de milho. O controlo de ervas daninhas por halosulfuron 0,09 kg ha 1 PoE aos 25 DAS, deu 15,17% de aumento do peso do grão em relação ao controlo de ervas daninhas, no entanto, foi significativamente inferior ao resto do tratamento, exceto tembotrione 0,12 kg ha 1 PoE aos 25 DAS. O peso da espiga da planta 1 incremento (13,07 por cento) obtido devido ao tembotrione 0,12 kg ha 1 PoE aos 25 DAS foi o menor e significativamente inferior ao resto dos tratamentos.

4.2.2.4 Número de plantas de espigas

Os dados apresentados no Quadro 4.9 mostram que as práticas de gestão de infestantes com herbicidas não tiveram influência significativa no número de espigas da planta 1.

4.2.2.5 Comprimento da espiga

O resultado inferido a partir dos dados (Tabela 4.10) indicou que, em comparação com as ervas daninhas não controladas, a ausência de ervas daninhas tendeu a aumentar o comprimento da espiga de milho em 19,59%, a par da atrazina 0,75 kg ha^1 + pendimetalina 0,75 kg ha^1 PE. A aplicação de herbicidas para controlar as ervas daninhas, quer isoladamente quer em mistura ou em sequência, resultou num aumento significativo do comprimento das espigas em comparação com o controlo das ervas daninhas. Entre os tratamentos com herbicidas, a mistura de atrazina 0,75 kg ha^1 + pendimetalina 0,75 kg ha^1 PE proporcionou o maior comprimento de espiga (17,36 cm), que foi 18,09% maior do que o controle de ervas daninhas e significativamente superior aos demais tratamentos. Observou-se ainda que a atrazina 1,5 kg ha^1 PE fb 2, 4-D 0,4 kg ha^1 PoE a 25 DAS, atrazina 1,5 kg ha^1 PE *fb* tembotrione 0,12 kg ha^1 PoE a 25 DAS, atrazina 1,5 kg ha^1 PE, atrazina 1,5 kg ha^1 PE *fb* halosulfuron 0.09 kg ha^1 PoE aos 25 DAS e pendimethalin 1.0 kg ha^1 PE *fb* atrazine 0.75 kg ha^1 + 2,4-D amine 0.4 kg ha^1 PoE aos 25 DAS deu 5.44 a 7.27 por cento de comprimento de espiga significativamente maior e permaneceu estatisticamente superior ao controlo de ervas daninhas (14.70 cm) no comprimento da espiga de milho. O controlo de ervas daninhas por halosulfuron 0,09 kg ha^1 PoE aos 25 DAS, deu um aumento de 1,02 por cento no comprimento da espiga em relação ao controlo de ervas daninhas, no entanto, foi significativamente inferior ao resto do tratamento, exceto tembotrione 0,12 kg ha^1 PoE aos 25 DAS. O incremento no comprimento da espiga (0,15 por cento) obtido com tembotrione 0,12 kg ha^1 PoE aos 25 DAS foi o menor e significativamente inferior ao resto dos tratamentos.

4.2.2.6 Perímetro da espiga

É explícito a partir dos dados (Tabela 4.10) que todos os tratamentos de controlo de ervas daninhas tendem a aumentar significativamente a circunferência da espiga de milho em relação ao controlo de ervas daninhas. Em comparação com as ervas daninhas não controladas, a ausência de ervas daninhas tendeu a aumentar a circunferência da espiga de milho em 30,18%, a par de atrazina 0,75 kg ha^1 + pendimetalina 0,75 kg ha^1 PE. Entre os tratamentos herbicidas, a mistura que inclui atrazina 0,75 kg ha^1 + pendimetalina 0,75 kg ha^1 PE deu a circunferência da espiga (13,00 cm), que foi maior em 21,14 por cento em relação ao controlo de ervas daninhas, a par com halossulfurão 0.09 kg ha^1 PoE aos 25 DAS, tembotrione 0,12 kg ha^1 PoE aos 25 DAS e atrazine 1,5 kg ha^1 PE *fb* 2, 4-D 0,4 kg ha^1 PoE aos 25 DAS e significativamente superior ao resto dos tratamentos. Observou-se ainda que halossulfurão 0,09 kg ha^1 PoE aos 25 DAS, tembotriona 0,12 kg ha^1 PoE aos 25 DAS, atrazina1,5 kg ha^1 PE, atrazina 1,5 kg ha^1 PE fb 2, 4-D 0.4 kg ha^1 PoE aos 25 DAS e pendimetalina 1,0 kg ha^1 PE *fb* atrazina 0,75 kg ha^1 + 2,4-D amina 0,4 kg ha^1 PoE aos

25 DAS deu 11,49 a 18,03 por cento de perímetro de espiga significativamente mais alto e permaneceu estatisticamente

Quadro 4.10 Comprimento da espiga, perímetro da espiga, peso de ensaio e percentagem de descasque

Tratamentos	Comprimento da espiga (cm)	Perímetro da espiga (cm)	Peso de ensaio(g)	Percentagem de descasque (%).
Controlo (infestante)	14.700	10.700	205.20	57.63
Sem ervas daninhas	17.580	13.933	276.30	81.62
Atrazina1,5 kg ha¹ PE	15.513	12.210	248.40	78.67
Atrazina 0,75 kg ha 1+pendimetalina 0,75 kg ha-1 PE	17.360	13.000	270.00	80.03
Atrazina 1,5 kg ha¹ PE fb 2, 4-D 0,4 kg ha⁻¹ PoE aos 25 DAS	15.767	12.200	264.15	78.91
Halosulfurão 0,09 kg ha¹ PoE a 25 DAS	14.853	12.633	222.12	72.30
Atrazina 1,5 kg ha¹ PE fb halosulfurão 0,09 kg ha¹ PoE aos 25 DAS	15.507	11.500	231.30	73.82
Tembotriona 0,12 kg ha¹ PoE a 25 DAS	14.723	12.420	227.66	72.22
Pendimethaljn 1.0 kg ha¹ PE *fb* atrazine 0.75 kg ha + 2,4-D amine 0.4 kg ha PoE a 25 DAS	15.500	11.927	230.00	72.18

Atrazina 1,5 kg ha⁻¹ PE *fb* tembotriona 0,12 kg ha⁻¹ PoE aos 25 DAS	15.550	11.800	252.50	78.86
SEm±	0.350	0.323	2.44	1.16
CD 5%	1.040	0.961	7.24	3.43

superior ao controlo de ervas daninhas (10,70 cm) na circunferência da espiga de milho. O controlo de ervas daninhas por atrazina 1,5 kg ha^1 PE *fb* tembotrione 0,12 kg ha^1 PoE aos 25 DAS deu um aumento de 10,20% na circunferência da espiga em relação ao controlo de ervas daninhas, no entanto, foi significativamente inferior ao resto do tratamento, exceto atrazina 1,5 kg ha^1 PE *fb* halosulfuron 0,09 kg ha^1 PoE aos 25 DAS. O aumento da circunferência da espiga (7,47 por cento) obtido com atrazina 1,5 kg ha^1 PE *fb* halosulfuron 0,09 kg ha^1 PoE aos 25 DAS foi o menor e significativamente inferior ao resto dos tratamentos.

4.2.2.7 Peso de ensaio

A totalidade dos tratamentos de controlo de ervas daninhas tendeu a aumentar significativamente o peso de teste dos grãos de milho em relação ao controlo de ervas daninhas (Quadro 4.10). Em comparação com as ervas daninhas não controladas, o tratamento sem ervas daninhas tendeu a aumentar o peso do teste de grãos de milho em 34,64%, a par da atrazina 0,75 kg ha^1 + pendimetalina 0,75 kg ha^1 PE. Entre os tratamentos herbicidas, a mistura que inclui atrazina 0,75 kg ha^1 + pendimetalina 0,75 kg ha^1 PE deu o peso de teste (270 gramas) que foi superior em 31,57 por cento em relação ao controlo de ervas daninhas e significativamente superior ao resto dos tratamentos. Concluiu-se ainda que a atrazina 1,5 kg ha^1 PE fb 2, 4-D 0,4 kg ha^1 PoE a 25 DAS, atrazina 1,5 kg ha^1 PE *fb* tembotrione 0,12 kg ha^1 PoE a 25 DAS, atrazina 1,5 kg ha^1 PE, atrazina 1,5 kg ha^1 PE *fb* halosulfuron 0.09 kg ha^1 PoE aos 25 DAS e pendimethalin 1.0 kg ha^1 PE *fb* atrazine 0.75 kg ha^1 + 2,4-D amine 0.4 kg ha^1 PoE aos 25 DAS deu 12.08 a 28.75 por cento de peso de teste significativamente mais alto e permaneceu estatisticamente superior ao controlo de ervas daninhas (205.2) no peso de teste do milho. O controlo de ervas daninhas por tembotriona 0,12 kg ha^1 PoE aos 25 DAS deu um aumento de 10,94% no peso do teste em relação ao controlo de ervas daninhas, no entanto, foi significativamente inferior ao resto do tratamento, exceto halosulfuron 0,09 kg ha^1 PoE aos 25 DAS. O aumento do peso do teste (8,24 por cento) obtido devido ao halosulfuron 0,09 kg ha^1 PoE aos 25 DAS foi o menor e significativamente inferior ao resto dos tratamentos.

4.2.2.8 Percentagem de descasque

Em comparação com as ervas daninhas não controladas (Quadro 4.10), a ausência de ervas daninhas tende a aumentar a percentagem de descasque do milho em 41,62 por cento, a par da atrazina 0,75 kg ha^1 + pendimetalina 0.75 kg ha^1 PE (38,86 por cento), atrazina 1,5 kg ha^1 PE *fb* 2, 4-D 0,4 kg ha^1 PoE a 25 DAS (36,92 por cento), atrazina 1,5 kg ha^1 PE *fb* tembotrione 0,12 kg ha ^{1}
PoE aos 25 DAS (36,83 por cento) e atrazina 1,5 kg ha^1 PE (36,50 por cento). O controle de ervas daninhas por halosulfuron 0,09 kg ha^1 PoE aos 25 DAS, deu 25,45 por cento de aumento de porcentagem de casca em relação ao controle de ervas daninhas, no entanto, foi significativamente inferior ao resto dos tratamentos, exceto tembotrione 0,12 kg ha 1 PoE aos 25 DAS. O incremento da porcentagem de casca (25,24 por cento) obtido com tembotrione 0,12 kg ha 1 PoE aos 25 DAS foi o menor e significativamente inferior ao resto dos tratamentos.

4.2.3 Rendimento e índice de colheita

4.2.3.1 Rendimento de grãos

Em comparação com as ervas daninhas não controladas (Quadro 4.11), a ausência de ervas daninhas tende a aumentar o rendimento de grãos de milho em 232,03 por cento. A

aplicação de herbicidas para controlar as ervas daninhas, quer isoladamente quer em misturas ou em sequência, resultou num aumento significativo do rendimento em comparação com o controlo das ervas daninhas. Entre os tratamentos herbicidas, a mistura composta por atrazina 0,75 kg ha[1] +pendimetalina 0,75 kg ha 1 PE deu o rendimento máximo (4510,67 kg ha 1), que foi superior em 212,52 por cento ao controlo das ervas daninhas, a par do controlo sem ervas daninhas e significativamente superior aos restantes tratamentos. Observou-se ainda que a atrazina 1,5 kg ha 1 PE *fb* 2, 4-D 0,4 kg ha 1 PoE aos 25 DAS, atrazina 1,5 kg ha 1 PE *fb* tembotrione 0,12 kg ha 1 PoE aos 25 DAS, atrazina 1,5 kg ha 1 PE, atrazina 1,5 kg ha 1 PE *fb* halosulfuron 0.09 kg ha[1] PoE aos 25 DAS e pendimethalin 1.0 kg ha[1] PE *fb* atrazine 0.75 kg ha 1+ 2,4-D amine 0.4 kg ha 1 PoE aos 25 DAS deu 144.3 a 166.14 por cento de rendimento significativamente maior e permaneceu estatisticamente superior ao controlo de ervas daninhas (1443.33 kg ha 1) no rendimento de grãos de milho. O controlo de ervas daninhas por halosulfuron 0,09 kg ha 1 PoE aos 25 DAS, deu 137,18 por cento de aumento de rendimento sobre o controlo de ervas daninhas, no entanto, foi significativamente inferior ao resto dos tratamentos, exceto tembotrione 0,12 kg ha[1] PoE aos 25 DAS. O aumento de produção (79,7%) obtido com tembotrione 0,12 kg ha[1] PoE aos 25 DAS foi o menor e significativamente inferior ao resto dos tratamentos.

Quadro 4.11 Rendimento de grãos, rendimento de palha, rendimento biológico e índice de colheita do milho

Tratamentos	Rendimento de grãos (kg ha 1)	Rendimento do caule (kg ha 1)	Rendimento biológico (kg ha 1)	Índice de colheita (%)
Controlo (infestante)	1443.33	1636.00	3079.33	46.98
Sem ervas daninhas	4792.33	7137.00	11929.33	40.21
Atrazina1,5 kg ha 1 PE	3781.33	5560.00	9341.33	40.52
Atrazina 0,75 kg ha 1+pendimetalina 0,75 kg ha-1 PE	4510.67	6989.00	11499.67	38.38
Atrazina 1,5 kg ha 1 PE fb 2, 4-D 0,4 kg ha[-1] PoE aos 25 DAS	3841.33	5966.33	9807.67	39.87
Halossulfurão 0,09 kg ha[1] PoE a 25 DAS	3423.33	5084.00	8507.33	40.25

Atrazina 1,5 kg ha⁻¹ PE fb halosulfurão 0,09 kg ha⁻¹ PoE aos 25 DAS	3673.00	5550.33	9223.33	40.18
Tembotriona 0,12 kg ha⁻¹ PoE a 25 DAS	2593.67	3501.33	6095.00	39.38
Pendimetalina 1,0 kg ha' PE *fb* atrazina 0,75 kg ha⁻ + 2,4-D amina 0,4 kg ha⁻¹ PoE a 25 DAS	3526.33	5266.33	8792.67	40.82
Atrazina 1,5 kg ha⁻¹ PE *fb* tembotriona 0,12 kg ha⁻¹ PoE aos 25 DAS	3838.67	5897.00	9735.67	41.15
SEm±	138.10	182.40	228.48	0.66
CD 5%	410.32	541.94	678.86	1.95

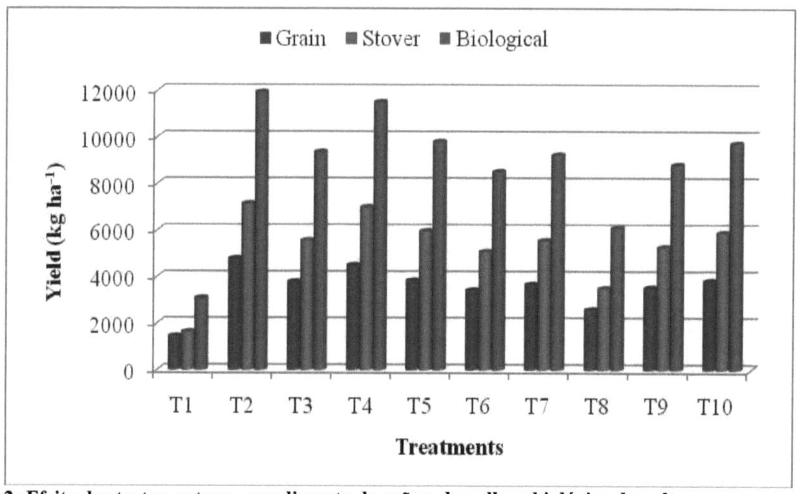

Fig 4.2: Efeito dos tratamentos no rendimento de grãos, de palha e biológico da cultura

4.2.3.2 Rendimento do caule

Uma leitura dos dados mostrou que, em comparação com as ervas daninhas não controladas (Quadro 4.11), a ausência de ervas daninhas tende a aumentar o rendimento do milho em 336,24%. A aplicação de herbicidas para controlar as ervas daninhas, quer isoladamente quer em misturas ou em sequência, resultou num aumento significativo do rendimento em comparação com o controlo das ervas daninhas. Entre os tratamentos herbicidas, a mistura composta por atrazina 0,75 kg ha¹ + pendimetalina 0,75 kg ha¹ PE deu o rendimento máximo (6989,00 kg ha¹), que foi superior em 327,20 por cento ao controlo das infestantes, a par do controlo sem infestantes e significativamente superior aos restantes tratamentos. Observou-se ainda que a atrazina 1,5 kg ha¹ PE fb 2, 4-D 0,4 kg ha¹ PoE aos 25 DAS, atrazina 1,5 kg ha¹ PE *fb* tembotrione 0,12 kg ha¹ PoE aos 25 DAS, -1 atrazina1,5 kg ha PE, atrazine 1.5 kg ha¹ PE *fb* halosulfuron 0.09 kg ha¹ PoE aos 25 DAS e pendimethalin 1.0 kg ha¹ PE *fb* atrazine 0.75 kg ha ^+ 2,4-D amine 0.4 kg ha¹ PoE aos 25 DAS deram 221.90 a 264.69 por cento de rendimento significativamente mais alto e foram estatisticamente superiores ao controlo de ervas daninhas (1636.00 kg ha¹) no rendimento de palha de milho. O controlo de ervas daninhas por halossulfurão 0,09 kg ha¹ PoE aos 25 DAS, deu 210,75 por cento de aumento de rendimento do controlo de ervas daninhas, no entanto, foi significativamente inferior ao resto do tratamento, exceto tembotriona 0,12 kg ha¹ PoE aos 25 DAS. O aumento de rendimento (114,01 por cento) obtido devido ao tembotrione 0,12 kg ha¹ PoE aos 25 DAS foi o menor e significativamente inferior ao resto dos tratamentos.

4.2.3.3 Rendimento biológico

Os dados resultaram que, em comparação com as ervas daninhas não controladas, a situação sem ervas daninhas tendeu a aumentar o rendimento biológico em 227,40 por cento (Quadro 4.11). A aplicação de herbicidas para controlar as ervas daninhas, quer isoladamente, quer em misturas ou em sequência, resultou num aumento significativo do rendimento em comparação com o controlo das ervas daninhas. Entre os tratamentos com herbicidas, a mistura de atrazina 0,75 kg ha¹ +pendimetalina 0,75 kg ha¹ PE deu o rendimento máximo (11499,67 kg ha¹), que foi superior em 273,44 por cento ao controlo das infestantes, a par do controlo sem infestantes e -1 significativamente superior aos restantes tratamentos. Observou-se ainda que a atrazina 1,5 kg ha PE *fb* 2, 4-D 0,4 kg ha¹ PoE aos 25 DAS, atrazina 1,5 kg ha¹ PE *fb* tembotrione 0,12 kg ha¹ -1

PoE aos 25 DAS, atrazina1,5 kg ha

PE, atrazine 1.5 kg ha¹ PE *fb* halosulfuron 0.09 kg ha¹ PoE a 25 DAS e pendimethalin 1.0 kg ha¹ PE *fb* atrazine 0.75 kg ha¹ + 2,4-D amine 0.4 kg ha¹ PoE a 25 DAS deu 185.53 a 218.50 por cento de rendimento significativamente maior e permaneceu estatisticamente superior ao controlo de ervas daninhas (3079.33 kg ha¹) no rendimento biológico. O controlo de ervas daninhas por halosulfuron 0,09 kg ha¹ PoE aos 25 DAS, deu 176,27 por cento de aumento de rendimento sobre o controlo de ervas daninhas, no entanto, foi significativamente inferior ao resto do tratamento, exceto tembotrione 0,12 kg ha¹ PoE aos 25 DAS. O aumento de rendimento (97,93 por cento) com tembotrione 0,12 kg ha¹ PoE aos 25 DAS foi o menor e significativamente inferior ao resto dos tratamentos.

4.2.3.4 Índice de colheita

O índice de colheita máximo de 46,98% foi obtido sob condições de controlo de ervas daninhas (Tabela 4.11). O maior I.C. (41,15 por cento) foi obtido quando as ervas daninhas foram suprimidas por atrazine 1,5 kg ha¹ PE *fb* tembotrione 0,12 kg ha¹ PoE aos 25 DAS. Mas os resultados exibidos por outro herbicida viz. pendimethalin 1.0 kg ha¹ PE *fb* atrazine 0.75 kg ha¹ + 2,4-D amine 0.4 kg ha¹ PoE a 25 DAS (40.82 por cento), atrazine 1.5 kg ha¹ PE (40.52 por cento), halosulfuron 0.09 kg ha¹ PoE a 25 DAS (40.25 por cento), atrazine 1.5 kg ha¹ PE *fb* halossulfurão 0,09 kg ha¹ PoE aos 25 DAS (40,18), atrazina 1,5 kg ha¹ PE *fb* 2, 4-D 0,4 kg ha¹ PoE aos 25 DAS (39,87 por cento), tembotriona 0,12 kg ha¹ PoE aos 25 DAS (39,38 por cento), e atrazina 0,75 kg ha¹ + pendimetalina 0,75 kg ha¹ PE (38,38 por cento).

4.3 ANÁLISE DAS PLANTAS

4.3.1 Teor de nutrientes (N, P e K) no grão e no caule aquando da colheita

Teor de azoto no grão

O quadro 4.12 mostra claramente que o teor de azoto mais elevado foi observado em condições sem ervas daninhas, mas não houve influência significativa no teor de azoto no grão entre todos os tratamentos.

Teor de fósforo no grão

É explicitamente claro a partir dos dados (Tabela 4.12) que o maior teor de fósforo foi encontrado em condições sem ervas daninhas, mas as práticas de gestão de ervas daninhas herbicidas não tiveram influência significativa no teor de P no grão.

Teor de potássio no grão

Os dados do Quadro 4.12 mostram que o teor de K mais elevado foi obtido em condições sem infestantes, mas as práticas de gestão de infestantes com herbicidas também não tiveram influência significativa no teor de K no grão.

Teor de azoto no feno

Os dados de leitura (Quadro 4.12) mostraram que o teor mais elevado de N foi obtido em condições sem ervas daninhas, mas as práticas de gestão de ervas daninhas com herbicidas também não tiveram influência significativa no teor de N no caule.

Teor de fósforo no feno

O Quadro 4.12 mostra claramente que o teor de P mais elevado foi observado em condições sem infestantes, mas as práticas de gestão de infestantes com herbicidas não tiveram influência significativa no teor de P no caule.

Teor de potássio no feno

Uma leitura dos dados apresentados no (Quadro 4.12) revelou que não houve influência significativa no teor de K no caule com diferentes tratamentos, mas o teor de K mais elevado em condições sem ervas daninhas.

Tratamentos	Teor de nutrientes no grão (%)			Teor de nutrientes no feno (%)		
	N	P	K	N	P	
Controlo (infestante)	1.7000	0.3277	0.3590	0.7193	0.1137	1.3397
Sem ervas daninhas	1.8700	0.3658	0.3800	0.7700	0.1257	1.4625
Atrazina1,5 kg ha^{1} PE	1.7600	0.3400	0.3677	0.7400	0.1193	1.3700
Atrazina 0,75 kg ha 1+pendimetalina **0,75 kg ha^{-1} PE**	1.8167	0.3636	0.3723	0.7690	0.1217	1.4567
Atrazina 1,5 kg ha^{1} PE *fb* 2, 4-D 0,4 kg ha^{-1} PoE aos 25 DAS	1.7800	0.3630	0.3680	0.7600	0.1207	1.3800
Halossulfurão 0,09 kg ha^{-1} PoE a 25 DAS	1.7800	0.3330	0.3590	0.7270	0.1187	' 1.3600

Atrazina 1,5 kg ha⁻¹ PE *fb* p.,i, PoE em 25 DAS	1.7500	0.3304	0.3630	0.7303	0.1183	1.3470
Tembotriona 0,12 kg ha⁻¹ 25 DAS PoE em	1.7100	0.3300	0.3593	0.7200	0.1163	1.3430
Pendimetalinal ,0 kg ha⁻¹ PE *fb* atrazina 0,75kg ha⁻¹ + 2,4-D amina 0,4 kg ha⁻¹ PoE aos 25 DAS	1.7400	0.3300	0.3610	0.7240	0.1183	1.3451
Atrazina 1,5 kg ha⁻¹ PE *fb* tembotriona 0,12 kg ha⁻¹ p.,i, PoE em 25 DAS	1.7700	0.3430	0.3680	0.7530	0.1190	1.3770
SEm± i	0.02000	0.00	55 0.0033	0.0076	0.0012	0.0172
CD 5%	NS	NS	NS	NS	NS	NS

4.3.2 Absorção de nutrientes (N, P e K) pelas plantas (grão, caule e total) aquando da colheita

4.3.2.1 Absorção de nutrientes pelo grão

Absorção de azoto pelo grão

A leitura dos dados mostrou que a cultura infestante resultou na menor absorção de azoto (Quadro 4.13). Enquanto que a cultura sem ervas daninhas tendeu a aumentar a absorção de azoto em 265,40 por cento em relação ao controlo das ervas daninhas. A aplicação de herbicidas para controlar as ervas daninhas, quer isoladamente quer em misturas ou em sequência, resultou num aumento significativo da absorção de azoto em comparação com o controlo das ervas daninhas. Entre os tratamentos herbicidas, a mistura composta por atrazina 0,75 kg ha⁻¹ + pendimetalina 0,75 kg ha⁻¹ PE proporcionou a absorção máxima de azoto (81,90 kg ha⁻¹), que foi superior em 233,74 por cento ao controlo das infestantes e significativamente superior aos restantes tratamentos. Observou-se ainda que a atrazina 1,5 kg ha⁻¹ PE _

fb 2, 4-D 0,4 kg ha⁻¹

PoE aos 25 DAS, atrazina 1,5 kg ha⁻¹ PE *fb* tembotriona 0,12 kg ha⁻¹ PoE aos 25 DAS, atrazina1,5 kg ha⁻¹ PE, atrazina 1,5 kg ha⁻¹ PE *fb* halossulfurão 0,09 kg ha⁻¹ PoE aos 25 DAS e pendimetalina 1,0 kg ha⁻¹ PE *fb* atrazina 0,75 kg ha⁻¹ + 2,4-D amina 0,4 kg ha ⁻¹

O PoE aos 25 DAS deu 149,91 a 179,01 por cento de absorção de azoto significativamente maior, permanecendo estatisticamente superior ao controlo de ervas daninhas (24,54 kg ha⁻¹). O controlo de ervas daninhas por halosulfuron 0,09 kg ha⁻¹ PoE aos 25 DAS, deu 148,49 por cento de absorção de N superior ao controlo de ervas daninhas, no entanto, foi significativamente inferior ao resto do tratamento, exceto tembotrione 0,12 kg ha⁻¹ PoE aos 25 DAS. O aumento de absorção (82,55 por cento) obtido com tembotrione 0,12 kg ha⁻¹ PoE aos 25 DAS foi o menor e significativamente inferior ao resto dos tratamentos.

Absorção de fósforo pelo grão

Em comparação com as ervas daninhas não controladas, a situação sem ervas daninhas tendeu a aumentar a absorção de fósforo em 269,62% (Quadro 4.13). A aplicação de herbicidas para controlar as ervas daninhas, quer isoladamente, quer como misturas ou em sequência, resultou num aumento significativo da absorção de fósforo em comparação com o controlo das ervas daninhas. Entre os tratamentos herbicidas, a mistura de atrazine 0,75 kg ha[1] + pendimethalin 0,75 kg ha[1] PE deu o máximo de absorção de fósforo (16,40 kg ha[1]), que foi maior em 245,99 por cento em relação ao controlo de ervas daninhas, a par com a ausência de ervas daninhas e significativamente superior ao resto dos tratamentos. Observou-se ainda que a atrazina 1,5 kg ha[1] PE *fb* 2, 4-D 0,4 kg ha[1] PoE a 25 DAS, atrazina 1,5 kg ha[1] PE *fb* tembotrione 0,12 kg ha[1] PoE a 25 DAS, atrazina1,5 kg ha[1] PE, atrazina 1,5 kg ha[1] PE *fb* halosulfuron 0,09 kg ha[1] PoE a

25 DAS e pendimethalin 1.0 kg ha 1 PE *fb* atrazine 0.75 kg ha 1+ 2,4-D amine 0.4 kg ha 1 PoE a 25 DAS deu 145.78 a 194.09 por cento de absorção significativa de P com estatisticamente superior ao controlo de ervas daninhas (4.74 kg ha 1). Controlo de ervas daninhas por halosulfuron 0,09 kg ha [1]

PoE aos 25 DAS, deu 140,29 por cento de aumento de absorção de P sobre o controlo de ervas daninhas, enquanto que foi significativamente inferior ao resto do tratamento, exceto tembotriona 0,12 kg ha[1] PoE aos 25 DAS. A absorção

O incremento de -1 (82,27 por cento) obtido com tembotrione 0,12 kg ha PoE aos 25 DAS foi o menor e significativamente inferior aos restantes tratamentos.

Absorção de potássio pelo grão

O quadro 4.13 mostra que a situação de ausência de ervas daninhas tende a aumentar a absorção de potássio em 251,54% em relação ao controlo das ervas daninhas. A aplicação de herbicidas para controlar as ervas daninhas, quer isoladamente, quer em mistura ou em sequência, resultou num aumento significativo da absorção de potássio em comparação com o controlo das ervas daninhas. Entre os tratamentos herbicidas, a mistura composta por atrazina 0,75 kg ha[1] + pendimetalina 0,75 kg ha[1] PE deu o máximo de absorção de potássio (16,79 kg ha 1), que foi maior em 224,13 por cento em relação ao controlo de ervas daninhas, a par com a ausência de ervas daninhas e significativamente superior ao resto dos tratamentos. Observou-se ainda que a atrazina 1,5 kg ha 1 PE *fb* 2, 4-D 0,4 kg ha 1 PoE aos 25 DAS, atrazina 1,5 kg ha 1 PE *fb* tembotrione 0,12 kg ha 1 PoE aos 25 DAS, atrazina 1,5 kg ha 1 PE, **atrazina 1,5 kg ha 1 PE *fb* halosulfuron 0.09 kg ha 1 PoE aos 25 DAS e pendimethalin 1.0 kg ha[1] PE *fb* atrazine 0.75 kg ha 1+ 2,4-D amine 0.4 kg ha[1] PoE aos 25 DAS deu 145.25 a 172.97 por cento de absorção de potássio estatisticamente superior ao controlo de ervas daninhas (5.18 kg ha 1). O controlo de ervas daninhas por halosulfuron 0,09 kg ha[1] PoE aos 25 DAS, deu 137,25% de aumento de absorção sobre o controlo de ervas daninhas, no entanto, foi significativamente inferior ao resto do tratamento, exceto tembotrione 0,12 kg ha[1] PoE aos 25 DAS. O incremento de absorção (77,60 por cento) obtido devido a i   n   ,   -1 tembotriona 0,12 kg ha**

O PoE aos 25 DAS foi o menos e significativamente inferior aos restantes tratamentos.

Quadro 4.13 Absorção de nutrientes (N, P e K) pelas plantas (grão e colmo) aquando da colheita do milho

Tratamentos	Absorção de nutrientes no grão (kg ha)			Absorção de nutrientes no feno (kg ha)		
	N	P	K	N	P	K
Controlo (infestante)	24.54	4.74	5.18	11.97	1.858	21.84
Sem ervas daninhas	89.67	17.52	18.21	54.93	8.962	104.78
Atrazina1,5 kg ha[1] PE	66.56	12.87	13.90	41.18	6.645	76.19
Atrazina 0,75 kg ha ^pendimetalina 0,75 kg ha-[1] PE	81.90	16.40	16.79	53.75	8.498	101.76

Atrazina 1,5 kg ha^l PE fb 2, 4-D 0,4 kg ha^{-1} PoE aos 25 DAS	68.47	13.94	14.14	45.30	7.203	82.31
Halossulfurão 0,09 kg ha^l PoE a 25 DAS	60.98	11.39	12.29	37.01	6.051	69.45
Atrazina1 , 5kgha$^-$ PEfb halossulfurão 0,09 kg ha PoE aos 25 DAS	64.23	12.27	13.33	40.47	6.567	75.11
Tembotriona 0,12 kg ha^l PoE a 25 DAS	44.80	8.64	9.20	25.20	4.072	47.06
Pendimetalina 1,0 kg ha^l PE *fb* atrazina 0,75 kg ha$^-$ + 2,4-D amina 0,4 kg ha^{-1} PoE a 25 DAS	61.33	11.65	12.73	38.14	6.231	70.84
Atrazina 1,5 kg ha^l PE *fb* tembotriona 0,12 kg ha^l PoE a 25 DAS	67.93	13.17	14.13	44.14	7.019	81.18
SEm±	2.61	0.56	0.43	1.19	0.222	3.00
CD 5%	7.76	1.66	1.27	3.52	0.658	8.92

4.3.2.2 Absorção de nutrientes pelo stover

Absorção de azoto

Os dados resultaram que, em comparação com as ervas daninhas não controladas, os tratamentos sem ervas daninhas tenderam a aumentar a absorção de azoto pelo milho em 358,89 por cento (Quadro 4.13). A aplicação de herbicidas para controlar as ervas daninhas, quer isoladamente quer em misturas ou em sequência, resultou num aumento significativo da absorção de azoto no caule, em comparação com o controlo das ervas daninhas. Entre os tratamentos com herbicidas, a mistura de atrazina 0,75 kg ha^l + pendimetalina 0,75 kg ha^l PE proporcionou a absorção máxima de azoto (53,75 kg ha^l), que foi superior em 349,03 por cento ao controlo das infestantes, ao mesmo nível que sem infestantes e significativamente superior aos restantes tratamentos. Observou-se ainda que a atrazina 1,5 kg ha^l PE *fb* 2, 4-D 0,4 kg ha^l PoE a 25 DAS, atrazina 1,5 kg ha^l PE *fb* tembotrione 0,12 kg ha^l PoE a 25 DAS, atrazina 1,5 kg ha^l PE, atrazina 1,5 kg ha^l PE *fb* halosulfuron 0.09 kg ha^l PoE aos 25 DAS e pendimethalin 1.0 kg ha^l PE *fb* atrazine 0.75 kg ha^l + 2,4-D amine 0.4 kg ha^l PoE aos 25 DAS deu 218.62 a 278.41 por cento de absorção de azoto significativamente maior e permaneceu estatisticamente superior ao controlo de ervas daninhas (11.97 kg ha^l). O controlo de ervas daninhas por halosulfuron 0,09 kg ha^1 PoE aos 25 DAS, deu 209,18 por cento de aumento de absorção sobre o controlo de ervas daninhas, no entanto, foi significativamente inferior ao resto do tratamento, exceto tembotrione 0,12 kg ha^1 PoE aos 25 DAS. O incremento de absorção (110,52 por cento) obtido devido ao tembotrione 0,12 kg ha^1 PoE aos 25 DAS foi o menor e significativamente inferior ao resto dos tratamentos.

Absorção de fósforo

A condição de ausência de ervas daninhas resultou num aumento da absorção de fósforo pelo milho em 382,23% em relação ao controlo das ervas daninhas (Quadro 4.13). A aplicação de herbicidas para controlar as ervas daninhas, quer isoladamente quer em mistura ou em sequência, resultou num aumento significativo da absorção de fósforo pelo caule em comparação com o controlo das ervas daninhas. Entre os tratamentos herbicidas, a mistura de atrazina 0,75 kg ha^1 + pendimetalina 0,75 kg ha^1 PE deu o máximo de absorção de fósforo (8,498 kg ha^1), que foi maior em 357,37 por cento em relação ao controlo de ervas daninhas, a par com a ausência de ervas daninhas e significativamente superior ao resto dos tratamentos. Observou-se ainda que a atrazina 1,5 kg ha^1 PE *fb* 2, 4-D 0,4 kg ha^1 PoE aos 25 DAS, atrazina 1,5 kg ha^1 PE *fb* tembotrione 0,12 kg ha^1 PoE aos 25 DAS, atrazina 1.5 kg ha^1 PE, atrazina 1,5 kg ha^1 PE *fb* halosulfurão 0,09 kg ha^1 PoE aos 25 DAS e pendimetalina 1,0 kg ha^1 PE *fb* atrazina 0,75 kg ha^1 + 2,4-D amina 0,4 kg

ha 1 PoE aos 25 DAS deu 218,62 a 278,41 por cento de absorção significativa de fósforo e permaneceu estatisticamente superior ao controlo de ervas daninhas (1,858 kg ha 1). O controlo de ervas daninhas por halosulfuron 0,09 kg ha^1 PoE aos 25 DAS, deu 225,64 por cento de aumento de absorção sobre o controlo de ervas daninhas, no entanto, foi significativamente inferior ao resto do tratamento, exceto tembotrione 0,12 kg ha^1 PoE aos 25 DAS. O aumento de absorção (119,16 por cento) obtido com tembotrione 0,12 kg ha^1 PoE aos 25 DAS foi o menor e significativamente inferior ao resto dos tratamentos.

Absorção de potássio

Em comparação com o controlo de infestantes, o tratamento sem infestantes tendeu a aumentar a absorção de potássio pela palha de milho em 379,86 por cento (Quadro 4.13). A aplicação de herbicidas para controlar as ervas daninhas, quer isoladamente quer em misturas ou em sequência, resultou numa absorção significativa de potássio pela palha, em comparação com o controlo das ervas daninhas. Entre os tratamentos herbicidas, a mistura composta por atrazina 0,75 kg ha^1 + pendimetalina 0,75 kg ha^1 PE deu a absorção máxima de potássio (101,76 kg ha 1), que foi superior em 365,93 por cento ao controlo das infestantes, a par do controlo sem infestantes e significativamente superior aos restantes tratamentos. Observou-se ainda que a atrazina 1,5 kg ha^1 PE fb 2, 4-D 0,4 kg ha^1 PoE a 25 DAS, atrazina 1,5 kg ha^1 PE *fb* tembotrione 0,12 kg ha^1 PoE a 25 DAS, atrazina 1,5 kg ha^1 PE, atrazina 1,5 kg ha^1 PE *fb* halosulfuron 0.09 kg ha^1 PoE aos 25 DAS e pendimethalin 1.0 kg ha^1 PE *fb* atrazine 0.75 kg ha 1+ 2,4-D amine 0.4 kg ha^1 PoE aos 25 DAS deu 224.35 a 276.87 por cento de absorção de potássio significativamente maior e permaneceu estatisticamente superior ao controlo de ervas daninhas (21.84 kg ha 1). O controlo de ervas daninhas por halosulfuron 0,09 kg ha^1 PoE aos 25 DAS, deu 217,99 por cento de aumento de absorção sobre o controlo de ervas daninhas, no entanto, foi significativamente inferior ao resto do tratamento, exceto tembotrione 0,12 kg ha^1 PoE aos 25 DAS. O aumento de absorção (224,35 por cento) obtido com tembotrione 0,12 kg ha^1 PoE aos 25 DAS foi o menor e significativamente inferior ao resto do tratamento.

4.3.2.3 Absorção total de nutrientes pelas plantas

Absorção total de azoto

Uma leitura dos dados (Quadro 4.14) mostrou claramente que, em comparação com as ervas daninhas não controladas, a situação de ausência de ervas daninhas aumentou a absorção total de azoto pela planta de milho em 298,34 por cento. A aplicação de herbicidas para controlar as ervas daninhas, quer isoladamente quer em misturas ou em sequência, resultou numa absorção significativa de azoto pela planta, em comparação com o controlo das ervas daninhas.

Entre os tratamentos herbicidas, a mistura de atrazina 0,75 kg ha^1 + pendimetalina 0,75 kg ha^1 PE deu o máximo de absorção de azoto (135,65 kg ha^1), que foi superior em 273,69 por cento em relação ao controlo de ervas daninhas, a par com a ausência de ervas daninhas e significativamente superior ao resto dos tratamentos. Observou-se ainda que a atrazina 1,5 kg ha^1 PE *fb* 2, 4-D 0,4 kg ha^1 PoE a 25 DAS, atrazina 1,5 kg ha^1 PE *fb* tembotrione 0,12 kg ha^1 PoE a 25 DAS, atrazina 1,5 kg ha^1 PE, atrazina 1,5 kg ha^1 PE *fb* halosulfuron 0.09 kg ha^1 PoE aos 25 DAS e pendimethalin 1.0 kg ha^l PE *fb* atrazine 0.75 kg ha^l + 2,4-D amine 0.4 kg ha^l PoE aos 25 DAS deram 174.02 a 213.41 por cento de absorção de azoto total significativamente mais elevada, permanecendo estatisticamente superior ao controlo de infestantes (36.30 kg ha^l). O controlo de ervas daninhas por halosulfuron 0,09 kg ha^l PoE aos 25 DAS, deu 169,94 por cento de aumento de absorção sobre o controlo de ervas daninhas, no entanto, foi significativamente inferior ao resto do tratamento, exceto tembotrione 0,12 kg ha^l PoE aos 25 DAS. O aumento de absorção (92,80 por cento) obtido com tembotrione 0,12 kg ha^l PoE aos 25 DAS foi o menor e significativamente inferior ao resto dos tratamentos.

Absorção total de fósforo

Em comparação com o controlo de infestantes, todas as medidas de controlo de infestantes tenderam a aumentar significativamente a absorção total de fósforo pela planta de milho (Quadro 4.14). Os dados revelam que a absorção máxima de fósforo total (298,34%) foi registada na parcela sem infestantes. Entre os tratamentos herbicidas, a mistura de atrazine 0,75 kg ha^l + pendimethalin 0,75 kg ha^l PE deu o máximo de absorção total de fósforo (24,90 kg ha^l), que foi maior em 277,27 por cento em relação ao controlo de ervas daninhas, a par com a ausência de ervas daninhas e significativamente superior ao resto dos tratamentos. Observou-se ainda que a atrazina 1,5 kg ha^l PE *fb* 2, 4-D 0,4 kg ha^l PoE a 25 DAS, atrazina 1,5 kg ha^l PE *fb* tembotrione 0,12 kg ha^l PoE a 25 DAS, atrazina 1,5 kg ha^l PE, atrazina 1,5 kg ha^l PE *fb* halosulfuron 0.09 kg ha^l PoE aos 25 DAS e pendimethalin 1.0 kg ha^l PE *fb* atrazine 0.75 kg ha^l + 2,4-D amine 0.4 kg ha^l PoE aos 25 DAS deu 170.90 a 220.30 por cento de absorção de fósforo total significativamente maior, permanecendo estatisticamente superior ao controlo de ervas daninhas (60.60 kg ha^l). O controlo de ervas daninhas por halosulfuron 0,09 kg ha^l PoE aos 25 DAS, deu 164,39 por cento de aumento de absorção sobre o controlo de ervas daninhas, no entanto, foi significativamente inferior ao resto do tratamento, exceto tembotrione 0,12 kg ha^l PoE aos 25 DAS. O aumento de absorção (92,57 por cento) obtido com tembotrione 0,12 kg ha^l PoE aos 25 DAS foi o menor e significativamente inferior ao resto dos tratamentos.

Quadro 4.14 Absorção total de nutrientes (N, P e K) pelas plantas e teor de proteínas no grão aquando da colheita em labirinto

Tratamentos	Absorção total de nutrientes pelas plantas (kg ha)			Teor de proteínas no grão (%)
	N	P	K	
Controlo (infestante)	36.30	6.60	27.023	10.625
Sem ervas daninhas	144.60	26.48	122.988	11.688
Atrazina1,5 kg ha 1 PE	107.74	19.52	90.093	11.000
Atrazina 0,75 kg ha 1+ pendimetalina 0,75 kg ha⁻ PE	135.65	24.90	118.551	11.354

Atrazina 1,5 kg ha^l PE fb 2, 4-D 0,4 kg ha'^{l} PoE aos 25 DAS	113.77	21.14	96.454	11.125
Halosulfurão 0,09 kg ha^l PoE a 25 DAS	97.99	17.45	81.733	11.125
Atrazina 1,5 kg ha 1 PE fb halossulfurão 0,09 kg ha'1 PoE aos 25 DAS	104.70	18.84	88.441	10.938
Tembotriona 0,12 kg ha^l PoE a 25 DAS	69.99	12.71	56.263	10.688
Pendimetalina 1,0 kg ha^l PE *fb* atrazina 0,75 kg ha^l + 2,4-D amina 0,4 kg ha^l PoE a 25 DAS	99.47	17.88	83.570	10.875
Atrazina 1,5 kg ha$^{'}$ PE *fb* tembotriona 0,12 kg ha'1 PoE aos 25 DAS	112.07	20.18	95.309	11.063
SEm±	3.16	0.61	3.102	0.126
CD 5%	9.38	1.81	9.217	NS

Absorção total de potássio

Todos os tratamentos de controlo de ervas daninhas, exceto a condição sem ervas daninhas, causaram um aumento significativo na absorção total de potássio pela planta de milho (Quadro 4.14). Em comparação com as ervas daninhas não controladas, a condição livre de ervas daninhas tendeu a aumentar a absorção total de potássio pela planta em 355,04 por cento. Entre os tratamentos herbicidas, a mistura de atrazina 0,75 kg ha^l + pendimetalina 0,75 kg ha^l PE proporcionou a absorção máxima de potássio (118,55 kg ha^l), que foi superior em 338,74 por cento ao controlo das infestantes, a par do controlo sem infestantes e significativamente superior aos restantes tratamentos. Observou-se ainda que a atrazina 1,5 kg ha^l PE *fb* 2, 4-D 0,4 kg ha^l PoE aos 25 DAS, atrazina 1.5 kg ha^l PE *fb* tembotrione 0.12 kg ha^l PoE aos 25 DAS, atrazine 1.5 kg ha^l PE, atrazine 1.5 kg ha^l PE *fb* halosulfuron 0.09 kg ha^l PoE aos 25 DAS e pendimethalin 1.0 kg ha^l PE *fb* atrazine 0.75 kg ha^l + 2,4-D amina 0,4 kg ha^l PoE aos 25 DAS deu 209,28 a 256,97 por cento de absorção de potássio significativamente maior, permanecendo estatisticamente superior ao controlo de ervas daninhas (27,02 kg ha^l). O controlo de ervas daninhas por halossulfurão 0,09 kg ha^l PoE aos 25 DAS, deu 202,49 por cento de aumento de absorção sobre o controlo de ervas daninhas, no entanto, foi significativamente inferior ao resto do tratamento, exceto tembotriona 0,12 kg ha^l PoE aos 25 DAS. O aumento de absorção (108,21 por cento) obtido

devido ao tembotrione 0,12 kg ha[1] PoE aos 25 DAS foi o menor e significativamente inferior ao resto dos tratamentos.

4.3.3 Teor proteico do grão na colheita

As práticas de gestão de ervas daninhas com herbicidas não tiveram um efeito significativo no teor de proteínas do grão de milho (Quadro 4.14).

4.4 ANÁLISE DO SOLO

O resultado da análise do solo foi deliberado nos materiais e métodos da Tabela 3.1, que se baseou numa amostra composta retirada do campo experimental.

4.5 RENDIMENTO LÍQUIDO E RÁCIO B C DA CULTURA

Os dados sobre o efeito dos tratamentos nos rendimentos líquidos e no rácio B C são apresentados no quadro 4.15 e a sua análise de variância é fornecida no apêndice XV.

4.6.1 Rendimento líquido

Em comparação com o controlo de infestantes, todos os tratamentos de gestão de infestantes resultaram em rendimentos líquidos significativamente mais elevados da cultura do milho. No entanto, a magnitude do aumento dos rendimentos líquidos variou devido ao custo do tratamento e ao rendimento. O retorno líquido máximo (' 65346 ha 1) foram obtidos com a aplicação de atrazina 0,75 kg ha 1 + pendimetalina 0,75 kg ha 1 PE, que foi igual à sem ervas daninhas (63574 ha 1) e foi observado 749,99 por cento mais alto do que o controlo de ervas daninhas (' 7688 ha 1). Os retornos líquidos obtidos através deste tratamento foram significativamente mais elevados do que os restantes tratamentos. Em terceiro lugar na ordem de mérito do retorno líquido ficou a atrazina 1,5 kg ha 1 PE *fb* 2, 4-D 0,4 kg ha 1 PoE a 25 DAS, que resultou num aumento de 585,83 por cento nos retornos líquidos. Foi a par com atrazina 1,5 kg ha 1 PE e atrazina 1,5 kg ha 1 PE *fb* tembotrione 0,12 kg ha 1 PoE aos 25 DAS. O controlo de ervas daninhas por halosulfuron 0,09 kg ha 1 PoE aos 25 DAS deu 405,24 por cento de aumento de retorno líquido sobre o controlo de ervas daninhas, no entanto, foi significativamente inferior ao resto do tratamento, exceto tembotrione 0,12 kg ha 1 PoE aos 25 DAS. O aumento do retorno líquido (256,41 por cento) com tembotrione 0,12 kg ha 1 PoE aos 25 DAS foi o menor e significativamente inferior ao resto dos tratamentos.

4.6.2 Rácio B C

A análise económica dos tratamentos em termos de relação B C revelou que todos os tratamentos de controlo de infestantes tendem a superar significativamente o controlo de infestantes. Tal como os rendimentos líquidos, o rácio B C mais elevado (3,37) foi obtido pelo controlo das infestantes através de atrazina 0,75 kg ha1 + pendimetalina 0,75 kg ha 1 PE. Uma análise mais aprofundada dos dados revelou que a atrazina 1,5 kg ha 1 PE *fb* 2, 4-D 0,4 kg ha 1 PoE aos 25 DAS, que ficou em segundo lugar na ordem de mérito, estava a par da atrazina 1,5 kg ha 1 PE (2,65 e livre de ervas daninhas (2,45). O controlo de ervas daninhas por halosulfuron 0,09 kg ha 1 PoE aos 25 DAS, deu uma relação B C (1,55), no entanto, foi significativamente inferior ao resto do tratamento, exceto tembotrione 0,12 kg ha 1 PoE aos 25 DAS. O rácio B C (1,34) com tembotriona 0,12 kg ha 1 PoE aos 25 DAS foi o menor e significativamente inferior ao resto dos tratamentos.

Quadro 4.15 Rendimentos líquidos e rácio BC

Tratamentos	Rendimento líquido (' ha)[1]	B C Rácio
Controlo (infestante)	7688	0.42
Sem ervas daninhas	63574	2.45
Atrazina1,5 kg ha 1 PE	51179	2.65
Atrazina 0,75 kg ha 1+pendimetalina 0,75 kg ha[1] PE	65346	3.37

Atrazina 1,5 kg ha^1 PE fb 2, 4-D 0,4 kg ha^1 PoE aos 25 DAS	52727	2.71
Halossulfurão 0,09 kg ha^1 PoE a 25 DAS	38843	1.55
Atrazina 1,5 kg ha^1 PE fb halosulfurão 0,09 kg ha^1 PoE aos 25 DAS	43076	1.68
Tembotriona 0,12 kg ha^1 PoE a 25 DAS	27401	1.34
Pendimetalina 1,0 kg ha^1 PE *fb* atrazina 0,75 kg ha^1 + 2,4-D amina 0,4 kg ha^1 PoE a 25 DAS	45746	2.27
Atrazina 1,5 kg ha$^\wedge$ PE *fb* tembotriona 0,12 kg ha^1 PoE aos 25 DAS	51033	2.43
SEm±	2270	0.10
CD 5%	6745	0.30

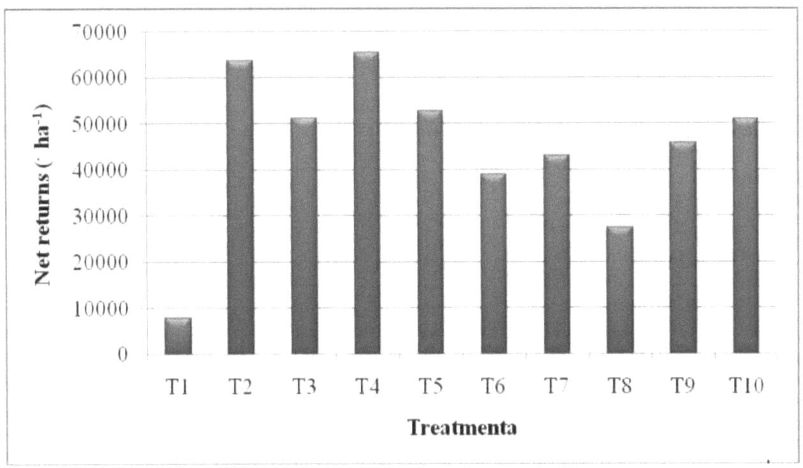

Fig.4.3: Efeito dos tratamentos nos rendimentos líquidos

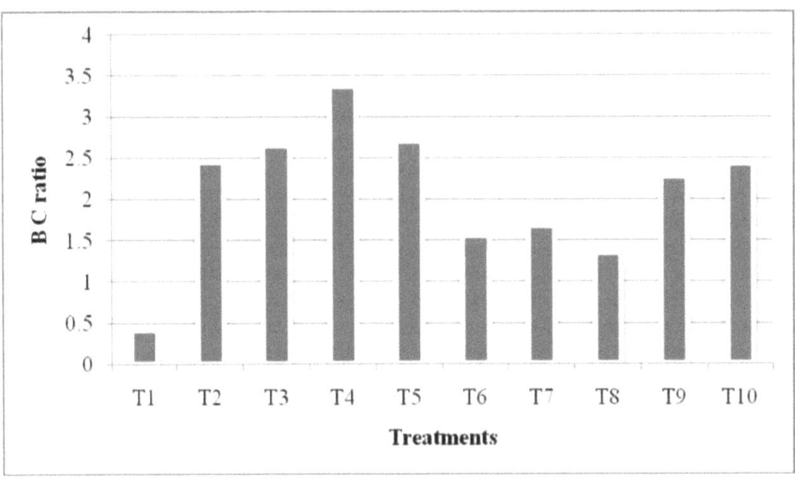

Fig.4.4: Efeito dos tratamentos no rácio B C

Capítulo 5

5. DISCUSSÃO

No capítulo anterior, ao apresentar o resultado do trabalho de investigação disponível sobre "**Gestão de infestantes com herbicidas no milho** *(Zea mays* **L.)"**, foram registadas variações significativas num certo número de infestantes e caracteres da cultura com base no efeito dos tratamentos. Neste capítulo, pretende-se discutir estas variações significativas nos parâmetros das infestantes e das culturas que surgiram devido aos efeitos dos tratamentos.

5.1 EFEITO DOS HERBICIDAS

5.1.1 Efeito nas ervas daninhas

5.1.1.1 Densidade das ervas daninhas

Os resultados (Quadro 4.1) indicam que todos os tratamentos herbicidas, isoladamente ou

A mistura de herbicidas ou a aplicação sequencial causou uma redução acentuada na densidade de ervas daninhas de folha larga e gramíneas em todas as fases de crescimento. Khan *et al.* **(2003) referiram que foi obtida uma redução significativa da densidade das ervas daninhas nas parcelas tratadas com herbicidas, em comparação com o controlo das ervas daninhas. A tendência dos efeitos dos tratamentos de controlo das ervas daninhas não foi semelhante para as ervas daninhas de folha larga e gramíneas. No que diz respeito às infestantes gramíneas, a aplicação pré-emergente de atrazina 0,75 kg ha 1 + pendimetalina 0,75 kg ha 1 reduziu significativamente a densidade máxima de infestantes aos 30 e 60 DAS em comparação com outros tratamentos de controlo de infestantes devido à natureza selectiva do herbicida e foi bastante eficaz no controlo de gramíneas e infestantes de folha larga, o que reduziu significativamente a população de infestantes nas fases iniciais da cultura e, em períodos posteriores, a cultura actua como efeito sufocante sobre as infestantes e o melhor desempenho destes herbicidas pode dever-se a um efeito de persistência mais longo. No caso das ervas daninhas de folha larga, a atrazina 0,75 kg ha** 1+pendimetalina **0,75 kg ha 1 reduziu a densidade máxima de ervas daninhas aos 30 DAS devido ao melhor efeito da aplicação antes da emergência, mas a aplicação sequencial de atrazina 1,5 kg ha 1 PE** *fb* **2, 4-D 0,4 kg ha 1 PoE aos 25 DAS reduziu a densidade máxima de ervas daninhas aos 60 DAS devido ao melhor efeito do 2, 4-D e à persistência da atrazina. Estes resultados estão em conformidade com Kamble** *et al.* **(2005). Ali** *et al.* **(2014) também descobriram que as parcelas tratadas resultam numa redução altamente significativa da densidade de ervas daninhas quando comparadas com a do controlo de ervas daninhas devido à mortalidade das ervas daninhas por práticas de controlo de ervas daninhas.**

Quando os herbicidas são aplicados sob a forma de mistura, destinam-se ao controlo total das infestantes, incluindo as infestantes de folha larga e as infestantes gramíneas. A aplicação simultânea de dois ou mais herbicidas, quer utilizando misturas pré-embaladas quer misturando diferentes herbicidas
produtos antes da aplicação, é uma abordagem muito comum na agricultura intensiva (Hatzions e Penner, 1985; Green, 1989; Zhang et al., 1995).

A pendimetalina é um herbicida pré-emergência versátil, rapidamente absorvido pelas ervas daninhas em germinação e que inibe a divisão e o alongamento celular nos meristemas radiculares e nos rebentos das plantas susceptíveis. O crescimento das ervas daninhas é inibido diretamente, seguindo-se a absorção através dos hipocótilos e da região dos rebentos. As plantas morrem pouco depois da germinação ou da emergência do solo (Gupta, 2008). Os presentes resultados estão de acordo com as conclusões de Prajapati et al., (2004) e (Choudhary, 2013) sobre o milho.

A atrazina é um herbicida importante que pertence ao grupo das triazinas e foi identificado para reduzir as infestantes monocotiledóneas e dicotiledóneas. Trata-se de um herbicida seletivo aplicado em pré-emergência com vista a controlar as infestantes emergidas. Este herbicida acumula-se nos cloroplastos e interfere na reação II da luz do processo de fotossíntese, ou próximo dela, bloqueando o transporte de electrões. No entanto, a fome das plantas devido à síntese de alimentos dificultada pode ainda ajudar a provocar a morte final das plantas afectadas (Gupta, 2008).

5.1.1.2 Matéria seca das infestantes

No caso de ervas daninhas gramíneas, a aplicação de atrazina 0,75 kg ha 1 + pendimetalina 0,75 kg ha 1 PE trouxe a maior redução na matéria seca como 93,68 por cento, 94,42 por cento e 92,54 por cento aos 30, 60 DAS e na colheita, respetivamente, devido à maior redução na densidade de ervas daninhas por esta mistura em todas as fases da cultura. Da mesma forma, a redução da matéria seca de folhas largas (83,84%) foi alcançada pela aplicação dessas misturas aos 30 DAS, que foi superior ao restante do tratamento, mas aos 60 DAS e na colheita, a redução máxima na matéria seca de folhas largas foi registrada por meio de atrazina 1,5 kg ha 1 PE *fb* 2, 4-D 0.4 kg ha 1 PoE aos 25 DAS como 54,84 por cento e 77,35 por cento, respetivamente, devido ao melhor efeito da aplicação sequencial de 2, 4-D após a atrazina no controlo da densidade de ervas daninhas de folha larga nestas fases das culturas e devido à menor densidade de ervas daninhas resulta em menos matéria seca de ervas daninhas. Gill *et al.* (1985) também observaram um menor peso seco das ervas daninhas sob a aplicação de atrazina e pendimetalina em comparação com o controlo de ervas daninhas no milho.

Quadro 5.1 Coeficiente de correlação e equação de regressão que mostram a relação entre a variável independente (X) e a variável dependente (Y)

S. Não.	Variável dependente (Y)	Variável independente (X)	Coeficiente de correlação (r)	Equação de regressão (Y = a + bx)
1	Rendimento de grãos (kg ha)⁻¹	DMA a 30 DAS	0.933**	Y= -2110,363+344,009x
2	Rendimento de grãos (kg ha)⁻¹	DMA a 60 DAS	0.879**	Y= -5197,071+146,563x
3	Rendimento de grãos (kg ha)⁻¹	DMA na colheita	0.932**	Y= -24931,579+138,855x
4	Rendimento de grãos (kg ha)⁻¹	número de espigas	0.715**	Y= -7566,786+117,091x
5	Rendimento de grãos (kg ha)⁻¹	Número de grãos por espiga	0.830**	Y=-24270.132+105.719x
6	Rendimento de grãos (kg ha)⁻¹	comprimento da espiga	0.816**	Y= -8526,244+768,442x
7	Rendimento de grãos (kg ha)⁻¹	perímetro da espiga	0.757**	Y=-6512,094+821,960x
8	Rendimento de grãos (kg ha)⁻¹	Peso de grãos/planta	0.824**	Y= -9277,170+122,504x
9	Rendimento de grãos (kg ha)⁻¹	peso da espiga / planta	0.974**	Y= -12040,621+82,339x
10	Rendimento de grãos (kg ha)⁻¹	Peso de ensaio (g)	0.879**	Y= -5202,132+36,021x
11	Rendimento de grãos (kg ha)⁻¹	DMA das infestantes aos 30 DAS	-0.903**	Y= 4618,727-35,916x
12	Rendimento de grãos (kg ha)⁻¹	DMA das infestantes aos 60 DAS	-0.900**	Y= 4770,982-30,661x
13	Rendimento de grãos (kg ha)⁻¹	DMA das infestantes na colheita	-0.891**	Y= 4690,963-31,032x
1	Rendimento do caule (kg ha)⁻¹	DMA das infestantes aos 30 DAS	-0.908**	Y= 7118,211-62,049x
15	Rendimento do caule (kg ha)⁻¹	DMA na colheita	0.918**	Y= -42943,131+235,059x

16	Rendimento do caule (kg ha)$^{-1}$	Altura da planta na colheita (cm)	0.921**	Y= -22214,659+128,579x
17	DMA a 30 DAS	DMA das infestantes aos 60 DAS	-0.873**	Y= 19,662-0,081x
18	DMA a 60 DAS	DMA das infestantes aos 60 DAS	-0.829**	Y= 66,414-0,169x
19	DMA na colheita	DMA das infestantes aos 60 DAS	-0.802**	Y= 212,411-0,183x
20	Absorção de N pelos grãos	Rendimento de grãos (kg ha)$^{-1}$	0.997**	Y= -4,546+0,019x
21	Absorção de P pelo grão	Rendimento de grãos (kg ha)$^{-1}$	0.992**	Y= -1,271+0,004x
22	Absorção de K pelo grão	Rendimento de grãos (kg ha)$^{-1}$	0.998**	Y= -0,708+0,004x
23	Rendimento de grãos (kg ha)$^{-1}$	Absorção total de N pelas infestantes (kg ha)$^{-1}$	-0.885**	Y=4822.242-153.274x
24	Rendimento de grãos (kg ha)$^{-1}$	Absorção total de P pelas infestantes (kg ha)$^{-1}$	-0.955**	Y= 4731,657-595,621x

S. Não.	Variável dependente (Y)	Variável independente (X)	Coeficiente de correlação (r)	Equação de regressão (Y = a + bx)
25	Rendimento de grãos (kg ha)$^{-1}$	Absorção total de K pelas infestantes (kg ha)$^{-1}$	-0.933**	Y= 4814,349-131,021x
26	Absorção de N pelo stover	Rendimento do caule (kg ha)$^{-1}$	0.998**	Y= -1,978+0,008x
27	Absorção de P pelo stover	Rendimento do caule (kg ha)$^{-1}$	0.998**	Y= -0,334+0,001x
28	Absorção de K pelo stover	Rendimento do caule (kg ha)$^{-1}$	0.996**	Y= -5,089+0,015x
29	Rendimento do caule (kg ha)$^{-1}$	Rendimento biológico (kg ha)$^{-1}$	0.999**	Y= 307,265+0,368x

5.1.1.3 Absorção de nutrientes pelas ervas daninhas

A absorção de nutrientes pelas ervas daninhas foi mais elevada na parcela de controlo com ervas daninhas, onde o crescimento descontrolado das ervas daninhas ao longo da época de cultivo resultou numa perda de 16,48 kg N ha[1] , 5,31 kg P2O5 ha[1] e 17,33 kg K2O ha[1] (Quadro 4.3). O controlo das infestantes através de tratamentos de controlo de infestantes provocou uma redução significativa do dreno de NPK pelas infestantes. A redução da matéria seca das ervas daninhas através da aplicação mista de atrazina 0,75 kgha[1] + pendimetalina 0,75 kg ha[1] PE foi acompanhada por uma redução correspondente na remoção por hectare de N, P e K. A absorção de nutrientes pelas ervas daninhas é uma função direta da sua matéria seca. A depleção de nutrientes pelas ervas daninhas no presente estudo também confirma este facto.

A absorção mínima de nutrientes foi registada pelo controlo de ervas daninhas através de atrazina 0,75 kg ha-1 + pendimetalina 0,75 kg ha[1] PE com uma conta de 1,93 kg N ha[1] , 0,44 kg P2O5 ha[1] e 2,61 kg K2O ha[-1] . Este tratamento de controlo de ervas daninhas foi considerado estatisticamente superior aos restantes tratamentos. No entanto, observou-se uma correlação negativa significativa entre o rendimento de grãos e a absorção total de N, P2O5 e K2O pelas ervas daninhas com os respectivos valores de r = -0,885, -0,955 e 0,933 (Tabela 5.1). A redução da absorção de nutrientes pelas infestantes sob a influência de diferentes medidas de controlo das infestantes no milho foi também referida por Sreenivas e Satyanarayana (1996) e Mundra *et al.*
(2002).

5.1.1.4 Eficiência do controlo das infestantes e índice de infestantes

A eficiência do controlo de ervas daninhas de diferentes tratamentos de controlo de ervas daninhas em várias fases foi apresentada no quadro 4.4. Os dados explicam claramente que a aplicação pré-emergente de atrazina 0,75 kg ha[1] + pendimetalina 0,75 kg ha[1] deu um maior grau de controlo (90,77 por cento) do total de ervas daninhas. As misturas que incluem estes herbicidas resultam num maior controlo global das infestantes, se a sua interação for sinérgica ou aditiva. Isto pode ser explicado pela redução da densidade das ervas daninhas e da matéria seca das ervas daninhas sob o efeito destes herbicidas. O índice de infestantes está negativamente correlacionado com a eficiência do controlo das infestantes, se for obtido um melhor controlo das infestantes por qualquer tratamento correspondente a um índice de infestantes mais baixo. Assim, um índice mais baixo de ervas daninhas foi alcançado pela mistura de atrazina 0,75 kg ha[1] + pendimetalina 0,75 kg ha[1] . Resultados semelhantes foram relatados por Shantveerayya e Agasimani (2012) e Kannur (2008), que relataram que a aplicação de atrazina ou butacloro seguida de 2, 4-D registou menor densidade de ervas daninhas, peso seco de ervas daninhas e maior WCE na cultura.

Descrição da escala de classificação visual em termos de fitotoxicidade para as culturas (Rao, 2000)

Efeito	Classificação	Descrição das culturas
Nenhum	0	Sem lesões, normal
Ligeiro	1	Ligeiro atrofiamento, lesões ou descoloração
	2	Alguma perda de povoamento, atrofiamento ou descoloração
	3	Lesão mais pronunciada mas não persistente
Moderado	4	Lesão moderada, recuperação possível
	5	Lesão mais persistente, recuperação duvidosa

	6	Lesão quase grave, sem possibilidade de recuperação
Grave	7	Lesão grave, perda de estatura
	8	Quase destruída, sobrevivem algumas plantas
	9	Muito poucas plantas vivas
Completo	10	Destruição total

5.1.2 Avaliação visual do efeito do tratamento nas infestantes e na cultura

A fitotoxicidade do herbicida nas plantas foi avaliada na fase periódica. A classificação da fitotoxicidade aos 32, 39 e 46 DAS foi registada no quadro 4.7. Os dados explicam que alguns dos herbicidas (atrazina 1,5 kg ha 1 PE *fb* halosulfurão 0,09 kg ha 1 PoE aos 25 DAS, tembotriona 0,12 kg ha 1 PoE aos 25 DAS e pendimetalina 1,0 kg ha 1 PE *fb* atrazina 0,75 kg ha 1 + 2,4-D amina 0,4 kg ha 1 PoE aos 25 DAS). A fitotoxicidade inicial resultante é avaliada a partir da pontuação de fitotoxicidade. O herbicida atrazina 1,5 kg ha 1 PE *fb* halosulfuron 0,09 kg ha 1 PoE aos 25 DAS causou um ligeiro atrofiamento, a tembotriona 0,12 kg ha 1 PoE aos 25 DAS causou algum atrofiamento e descoloração, enquanto a lesão causada pela pendimetalina 1,0 kg ha 1 PE *fb* atrazina 0,75 kg ha 1 + 2, 4-D amina 0,4 kg ha 1 PoE aos 25 DAS foi mais pronunciada mas não persistente. No entanto, as plantas recuperaram do efeito de lesão destes herbicidas, como é evidente na avaliação da fitotoxicidade aos 32, 39 e 46 DAS.

5.1.3   Efeito na cultura
5.1.3.1 Parâmetros de crescimento
Todos os tratamentos de controlo de ervas daninhas aumentaram significativamente a altura da planta (Quadro 4.6) e a acumulação de matéria seca da cultura aos 30, 60 DAS e na colheita (Quadro 4.7) em comparação com o controlo de ervas daninhas. A altura máxima foi observada com o tratamento sem ervas daninhas, o que era esperado, entre o manejo herbicida a mistura compreendendo atrazina 0,75 kg ha 1 + pendimetalina 0,75 kg ha 1 PE atingiu a altura máxima em todas as fases da cultura. Resultados análogos foram registados por Mahadi *et al.* (2007). Da mesma forma, a acumulação máxima de matéria seca foi observada em condições de ausência de ervas daninhas, com atrazina 0,75 kg ha 1 + pendimetalina 0,75 kg ha 1 PE. Em geral, as melhorias acima mencionadas parecem ser devidas ao seu impacto direto através da menor competição entre culturas e ervas daninhas, enquanto o efeito indireto pode ser devido à menor competição por factores de crescimento das plantas, *nomeadamente* luz, espaço, água e nutrientes, etc. (Kropff, 1993). Devido a uma menor competição das ervas daninhas pelos recursos de crescimento e a condições favoráveis para um melhor crescimento da cultura, o que corresponde a um aumento da altura da planta e da acumulação de matéria seca da planta. No entanto, foi observada uma correlação negativa significativa entre a acumulação total de matéria seca de ervas daninhas e a matéria seca da cultura aos 30, 60 DAS e na colheita com os respectivos valores de r = -0,873, -0,829** e -0,802** (Quadro 5.1).**

Os resultados (Tabela 4.8) mostraram que o índice de área foliar, CGR (g m2 dia 1) e RGR (g g 1 dia^{-1}) também foram significativamente influenciados pelas práticas de manejo de ervas daninhas e encontraram o índice de área foliar máximo (1,29 g m2 dia 1) e (2,98 g m2 dia 1) aos 30 e 60 DAS, respetivamente, com condições livres de ervas daninhas, o que era esperado. Entre as práticas de gestão de ervas daninhas herbicidas, a aplicação de atrazina 0,75 kg ha 1 + pendimetalina 0,75 kg ha 1 PE deu um índice de área foliar máximo de 1,27 e 3,08 aos 30 e 60 DAS, respetivamente. A região provável para isso pode ser devido à menor competição por insumos de crescimento de plantas, *como* luz, espaço, água, nutrientes, etc., e a planta correspondente obteve espaço suficiente para a expansão ideal de folhas e galhos o mais cedo possível.

A condição sem ervas daninhas produziu o maior CGR de 11,44 g m2 dia 1 entre 30-60 DAS. Entre as práticas de manejo de ervas daninhas herbicidas, o maior CGR (10,677 g m2 dia 1) foi encontrado com atrazina 0,75 kg ha 1 + pendimetalina 0,75 kg ha 1 PE, que foi significativamente maior em 9,93 por cento em relação ao controle de ervas daninhas devido ao rápido crescimento da cultura durante este período e mostrado pela cultura devido à competição mínima entre cultura e ervas daninhas, mas

O controlo de ervas daninhas deu RGR máximo (.0214 g g^1 dia 1) seguido de pendimetalina 1,0 kg ha 1 PE _fb_ atrazina 0,75 kg ha + 2,4-D amina 0,4 kg ha PoE aos 25 DAS (.0190 g g dia) devido ao crescimento relativo máximo entre 30-60 DAS.

5.1.3.2 Atributos de rendimento e rendimento

A competição entre culturas e ervas daninhas pode reduzir o rendimento das culturas ao suprimir os atributos de rendimento. Os atributos de rendimento (número de espigas de grão 1, número de plantas de espiga 1, comprimento da espiga, perímetro da espiga, peso de teste e percentagem de descasque) aumentaram significativamente (Quadro 4.9 e 4.10) com os tratamentos de controlo de ervas daninhas em comparação com o controlo de ervas daninhas, através da sua eficácia variada no que diz respeito aos caracteres de rendimento da cultura, dependendo do espetro do seu controlo de ervas daninhas. A melhor expressão dos atributos de rendimento nas plantas cultivadas pode dever-se à fraca frequência de ressurgimento e crescimento das ervas daninhas, como é evidente nos estudos da matéria seca das ervas daninhas nestas parcelas. A melhor expressão dos atributos de rendimento foi obtida em condições de ausência de ervas daninhas, o que era de esperar devido ao facto de a cultura permanecer quase todo o período livre da competição entre a cultura e as ervas daninhas. Entre os tratamentos herbicidas, obteve-se uma boa expressão dos caracteres de rendimento quando as ervas daninhas foram controladas através de atrazina 0,75 kg ha^1 + pendimetalina 0,75 kg ha^1 PE seguido de atrazina 1,5 kg ha^1 PE _fb_ 2, 4-D 0,4 kg ha^1 PoE aos 25 DAS. Estes tratamentos foram considerados melhores para o controlo total de ervas daninhas na cultura do milho do que os restantes tratamentos de controlo de ervas daninhas. É um facto bem estabelecido que a menor competição entre as ervas daninhas e a cultura durante as fases críticas do crescimento da cultura exerce uma função reguladora importante no processo complexo de formação de rendimento devido a uma melhor disponibilidade de água, espaço e nutrientes. Os resultados estão em estreita conformidade com as conclusões de Sinha *et al.* (2005). O efeito pronunciado da atrazina 0,75 kg ha 1+pendimetalina 0,75 kg ha^1 PE aumentou o rendimento de grãos, o rendimento de palha e o rendimento biológico no valor respetivo de 4510,67 kg ha 1, 6989,00 kg ha^1 e 11499,67 kg ha^1 (Tabela 4.11) em comparação com o controlo infestante devido à redução significativa da matéria seca das ervas daninhas, o que reduziu a competição entre as ervas daninhas e proporcionou um ambiente favorável à cultura para uma melhor expressão do potencial vegetativo e reprodutivo. No âmbito da presente investigação, observou-se uma correlação positiva e significativa entre a produção e a acumulação de matéria seca no número de espigas^{-1} , no número de grãos^{-1} , no comprimento das espigas, na circunferência das espigas, no peso dos grãos na planta 1, no peso das espigas na planta^1 e no peso de teste, com valores respetivos de r = 0,715, 0,830, 0,816, 0,757, 0,824, 0,974 e 0,879. Da mesma forma, a acumulação de matéria seca aos 30 e 60

DAS e na colheita também foi observada uma correlação positiva e altamente significativa com a produção, com os respectivos valores de r = 0,933, 0,879 e 0,932. No entanto, um valor negativo significativo

observou-se uma correlação entre o rendimento e a acumulação de matéria seca das ervas daninhas e a matéria seca da cultura aos 30, 60 DAS e na colheita com os respectivos valores de r = - 0,903**, - 0,900**, -0,891 e -0,908** (Tabela 5.1). Vários autores também relataram melhoria nos atributos de rendimento com redução da densidade de ervas daninhas e matéria seca (Sunitha *et al.,* 2010 e Cahannbasavanna *et al.,* 2015)

5.1.3.3 Teor e absorção de nutrientes

Todas as medidas de controlo de ervas daninhas tenderam a melhorar a absorção de azoto, fósforo e potássio pelo grão e pelo caule significativamente em comparação com o controlo de ervas daninhas (Quadro 4.13). A maior absorção total de N, P e K (Quadro 4.14) pela cultura foi registada no tratamento sem ervas daninhas (144,60, 26,48 e 122,98 kg ha^{-1} , respetivamente), o que pode ser atribuído a um maior rendimento com este tratamento, uma vez que a absorção de nutrientes é principalmente função do rendimento da cultura. A absorção de nutrientes pela cultura é principalmente uma função do rendimento e do teor de nutrientes. Assim, uma maior absorção pela cultura pode dever-se à diminuição da competição entre as ervas daninhas e ao aumento simultâneo da disponibilidade de nutrientes, a um melhor crescimento da cultura e a uma maior produção de biomassa, juntamente com um maior teor de nutrientes. No presente estudo, foi documentada uma correlação positiva e significativa entre o rendimento do grão e a absorção de N, P e K pelo grão, com os valores 'r' correspondentes de 0,997, 0,992** e 0,998**, respetivamente. Do mesmo modo, também se registou uma correlação positiva e significativa entre o rendimento do caule e a absorção de N, P e K pelo caule, com os valores de 'r' correspondentes de**

0,998**, 0,998** e 0,996**, respetivamente (Quadro 5.1). A medida de controlo de ervas daninhas não influenciou significativamente o teor de NPK no grão e no caule, o que pode dever-se provavelmente à mesma cultivar experimental (Quadro 4.12). Estes resultados estão de acordo com as conclusões de Sreenivas e Satyanarayan (1996) e Mundra *et al.* (2002).

RESUMO E CONCLUSÃO

Os resultados da experiência de campo intitulada **"Gestão de ervas daninhas com herbicidas em Milho** *(Zea mays* **L.)" apresentado e discutido nos capítulos anteriores e** resumido a seguir.

EFEITO DOS HERBICIDAS

Efeito nas ervas daninhas

Nas parcelas de controlo com infestantes, o milho estava fortemente infestado por uma flora mista de monocotiledóneas e dicotiledóneas, constituída principalmente por *Echinochloa colona, Cynodon dactylon, Cyperus rotundus, Trianthema monogynae, Amaranthu viridis, Commelina benghalensis, Digera arvensis* **e** *Parthenium hysterophorus*.
A aplicação da mistura de atrazina 0,75 kg ha 1 + pendimetalina 0,75 kg ha 1 PE proporcionou a maior redução na densidade de ervas daninhas de folha larga e gramíneas (6,67 m 2 e 5,17 m2) aos 30 DAS, no entanto, aos 60 DAS, a densidade mínima de ervas daninhas de folha larga (28.67 m 2) foi exibida pela atrazina 1,5 kg ha 1 PE *fb* 2, 4-D 0,4 kg ha 1 PoE aos 25 DAS, mas a eficiência no controlo das ervas daninhas gramíneas foi mais elevada (7,67 m 2) pela atrazina 0,75 kg ha 1+pendimetalina 0,75 kg ha 1 PE.

Todos os tratamentos com herbicidas produziram um mínimo de matéria seca de ervas daninhas em diferentes fases de crescimento

em comparação com o controlo de ervas daninhas. No entanto, a mistura de atrazina 0,75 kg ha 1 + pendimetalina 0,75 kg ha 1 PE proporcionou a maior redução na matéria seca de ervas daninhas gramíneas e de folhas largas 93,68 e 83,84 por cento, respetivamente, em comparação com o controlo de ervas daninhas em

30 DAS. No entanto, aos 60 DAS e na colheita foi observada uma redução máxima no peso seco das ervas daninhas gramíneas com o tratamento acima, mas no caso das ervas daninhas de folha larga foi observada uma redução máxima no peso seco (54,84 e 77,35 por cento).

observada através da aplicação sequencial de atrazina 1,5 kg ha 1 PE *fb* 2, 4-D 0,4 kg ha 1 PoE aos 25 DAS sobre o controlo de infestantes.

A maior eficácia de controlo das infestantes foi registada através da aplicação de atrazina 0,75 kg ha 1+pendimethalin 0,75 kg ha 1 PE (90,97 e 81,05 por cento, respetivamente) aos 30 e 60 DAS. O índice mais baixo de ervas daninhas (5,77 por cento) também foi alcançado por este tratamento.

Registou-se uma diminuição significativa na absorção total de azoto, fósforo e potássio pelas ervas daninhas devido ao efeito de todos os tratamentos de controlo das ervas daninhas em comparação com o controlo das ervas daninhas. A absorção total de N, P e K pelas ervas daninhas na colheita foi registada no mínimo (2,93, 0,44 e 2,61 kg 1, respetivamente) sob atrazina 0,75 kg ha ^+pendimetalina 0,75 kg ha¹ PE.

Efeito na cultura

População de plantas

A população de plantas não foi afetada pelos tratamentos de controlo de ervas daninhas aos 25 DAS e na colheita da cultura.

Parâmetros de crescimento

Todos os tratamentos de controlo de ervas daninhas registaram maior altura de planta na colheita do que o **controlo de ervas daninhas. A altura máxima das plantas registada sob atrazina 0,75 kg ha 1 + pendimetalina 0,75 kg ha 1 PE aos 30, 60 DAS e na colheita foram (42,67 , 220,30 e 229,00 cm), respetivamente.**

Todos os tratamentos de controlo de ervas daninhas aumentaram significativamente a acumulação de matéria seca pela cultura em comparação com o controlo de ervas daninhas. A acumulação máxima de matéria seca aos 30 DAS foi registada no tratamento sem ervas daninhas, com um aumento de 41,41% em relação ao controlo das ervas daninhas. Este tratamento também registou a máxima acumulação de matéria seca aos 60 DAS e na colheita com o correspondente aumento de

48,90 e 70,96 por cento em comparação com o controlo de ervas daninhas (105,63 e 217,91 g planta 1, respetivamente). Entre os tratamentos com herbicidas, a matéria seca máxima

O acúmulo de nutrientes pelas plantas foi alcançado quando as ervas daninhas foram controladas pela mistura de atrazina 0,75 kg ha 1+pendimetalina 0,75 kg ha 1 PE, que foi maior aos 30 e 60 DAS e na colheita em 55,58, 23,09 e 10,24 por cento,

respetivamente, sobre o controlo de infestantes.

O tratamento sem ervas daninhas atingiu o início precoce da formação de borlas e da silagem em relação aos restantes tratamentos de controlo de ervas daninhas. No entanto, as medidas de controlo de ervas daninhas não influenciaram significativamente os dias para 50% de desfolhamento e silagem.

O índice de área foliar mais elevado (1,290) foi registado em condições de ausência de ervas daninhas em todas as fases de crescimento da cultura. Entre os tratamentos herbicidas contra as ervas daninhas, a mistura de atrazina 0,75 kg ha 1 + pendimetalina 0,75 kg ha 1 PE deu o maior índice de área foliar (1,267 e 3,077, respetivamente) aos 30 e 60 DAS.

A condição sem ervas daninhas produziu o maior CGR de 11,44 g m2 dia^1 entre 30-60 DAS.

Entre as práticas de gestão de ervas daninhas herbicidas, o maior CGR (10,677 g m 2 dia 1) foi encontrado com atrazina 0,75 kg ha^1 + pendimetalina 0,75 kg ha^1 PE. As práticas de gestão de ervas daninhas herbicidas não tiveram influência significativa na RGR (g g^1 dia 1) entre 30-60 DAS.

Atributos de rendimento e rendimento

Apesar da variabilidade em extensão, todos os tratamentos de controlo de ervas daninhas resultaram num aumento significativo dos atributos de rendimento em relação ao controlo de ervas daninhas. O maior número de

espiga de grão 1 (272,70), peso do grão planta 1 (272,70 gramas), peso **da espiga** planta 1

(109,67 gramas), comprimento da espiga (17,36 cm), circunferência da espiga (13,00 cm), peso do teste (270

grama) e porcentagem de descascamento (80,03) foram alcançados através da aplicação de atrazine 0,75 kg ha^1 + pendimethalin 0,75 kg ha 1 PE, que aumentou significativamente em comparação com o controle de ervas daninhas. No entanto, o número de espigas por planta não foi significativamente influenciado pelo tratamento herbicida.

Todos os tratamentos de controlo de ervas daninhas aumentaram significativamente o rendimento de grãos em relação ao controlo de ervas daninhas. O rendimento máximo de grãos foi registado em condições sem ervas daninhas, que foi significativamente maior do que o resto dos tratamentos de controlo de ervas daninhas. O tratamento sem ervas daninhas produziu o maior rendimento de grãos (4792,33 kg ha 1) seguido por atrazine 0,75 kg ha^1 + pendimethalin 0,75 kg ha^1 PE (4510,67 kg ha 1), onde o controle de ervas daninhas registrou o rendimento mínimo de grãos (1443,33 kg ha 1).

O rendimento do caule aumentou significativamente com todos os tratamentos de controlo das ervas daninhas.

O rendimento mais elevado de forragem foi obtido numa situação sem infestantes (7137,00 kg ha 1), seguido de perto pela atrazina 0,75 kg ha^1 + pendimetalina 0,75 kg ha^{-1} PE (6989,00 kg ha).$^{-1}$

O rendimento biológico aumentou significativamente com os vários tratamentos de controlo das ervas daninhas.

Entre os vários tratamentos, o livre de ervas daninhas deu melhores resultados (11929,33 kg ha 1), que foi seguido de perto pela atrazina 0,75 kg ha^1 + pendimetalina 0,75 kg ha^1 PE (11499,67 kg ha 1), sendo significativamente superior ao resto dos tratamentos

O índice de colheita máximo de 41,15% foi observado sob a aplicação de atrazina 1,5 kg ha 1 PE *fb* tembotrione 0,12 kg ha 1 PoE aos 25 DAS, enquanto que foi mínimo sob atrazina 0,75 kg ha + pendimethalin 0,75 kg ha PE (38,38%).

Teor e absorção de nutrientes

O teor de N, P e K no grão e no caule não foi afetado por todos os tratamentos de controlo das ervas daninhas.

Todos os tratamentos de controlo das ervas daninhas aumentaram significativamente a absorção de N, P e K pelo milho em relação ao controlo das ervas daninhas. A situação sem ervas daninhas resultou na maior absorção total de N (144,60

. .________ -L_ . , -1.____ , -1., ,

kg ha), P (26,48 kg ha) e K (122,988kg ha) pela cultura. Entre os vários tratamentos de controlo de ervas daninhas com herbicidas, a atrazina 0,75 kg ha^{-1} + pendimetalina 0,75 kg ha^1 PE deu o máximo de absorção total de NPK pelas ervas daninhas 135,65, 24,90 e 118,551 kg ha^{-1} , respetivamente.

As práticas de gestão de ervas daninhas com herbicidas não influenciaram significativamente o teor de proteínas do grão.

Economia dos tratamentos de controlo das ervas daninhas

Os rendimentos líquidos mais elevados (' 65346 ha 1) e o rácio B C (3,37) foram obtidos com atrazina 0,75 kg ha^1 + pendimetalina 0,75 kg ha^1 PE, em comparação com o controlo sem ervas daninhas.

CONCLUSÃO

Com base nas conclusões da investigação intitulada **"Herbicidal Weed Management in Maize** *(Zea mays* **L.)"**, pode concluir-se que a aplicação da mistura de atrazina 0,75 kg ha 1 + pendimetalina 0,75 kg ha 1 PE deve ser utilizada para o controlo da flora infestante na cultura do milho, uma vez que resultou numa redução significativa da densidade das infestantes e da matéria seca

LITERATURA CITADA

Ali, S., Shahbaz, M., Nadeem, M.A., Ijaz, M., M.S., Haider, Anees, M. e Khan H. A. A. 2014. O desempenho relativo das práticas de controle de ervas daninhas no milho semeado em setembro. *Mycopath* **12**: 43-51.

Bahar, F.A., e Singh, K.N e Malik, M.A. 2009. Gestão integrada de infestantes no milho *(Zea mays* L.) sob diferentes níveis de azoto. *Indian Journal of Agricultural Sciences.* **79**: 641- 644.

Barla, S., Upasani R.R., Puran, A.N. e Thakur, R. 2016. Manejo de ervas daninhas no milho. *Indian Journal of Weed Science* **48**: 67-69.

Black, C.A. 1965. Method of soil analysis, American Society of Agronomy, Madison, Wisconsin, USA.

Brady, N.C. e Well, R.R. 2003. The nature and properties of soil (13th ED) publicado por Pearson Education (Singapore) Pvt. Ltd., New Delhi.

Bystro, J.P., N. de Leon e W.F. Tracy. 2012. Análise de características relacionadas à competitividade de plantas daninhas em milho doce *(Zea mays* L.). *Sustainability.* **4**: 543-560.

Chand, M., Singh, S., Bier, D., Singh, N. e Kumar, V. 2014. Halosulfuron Methyl: Um novo herbicida pós-emergência na Índia para o controlo eficaz de Cyperus Rotundus na cana-de-açúcar e os seus efeitos residuais nas culturas seguintes Sugar Tech. **16**: 67-74.

Channabasavanna. A.S., Shrinivash. C.S., Rajkumar. H. e Kitturmath. M.S. 2015. Eficiência da aplicação de mistura de tanque de atrazina 50 WP e pendimethalin 30 EC weedicides em milho. *Karnataka Journal of Agriculture Science* **28**: **327-330**

Chennankrishnan P. e Raja, K. 2012. Maize Production in India (Produção de milho na Índia): Fighting Hunger and Malnutrition. Factos para si. Marketsurvey pp. 8-10 (ffymag. com/ admin/ issuepdf/ Maiz_Nov 12.pdf.)

Chopra, P. e Angiras, N. 2008. Efeito da lavoura e da gestão de ervas daninhas na produtividade e absorção de nutrientes do milho *(Zea mays* L.). *Indian Journal of Agronomy.* **53**: 6669.

Choudhary, Poonam. 2013. Efeito de combinações de herbicidas e enxofre na produtividade de milho de proteína de qualidade *(Zea maize* L.). Tese de doutoramento. Depto. de Agro. RCA, MPUAT, Udaipur.

Cochran, W.G. e Cox, G.M. 1967. Experimental designs. 2nd edition, John Willey and Sons Inc., New York.

DAC, 2015. Direção de Economia e Estatística, Departamento de Agricultura e Cooperação, Ministério da Agricultura, Governo da Índia. pp 88. (eands.dacnet.nic.in)

Dalley, C.D., Bernards, M.L e Kells, J.J. 2006. Efeito do momento de remoção das ervas daninhas e do espaçamento entre linhas na humidade do solo no milho (Zea *mays* L.). *Weed Technology.* **20**: 399409.

Dangwal, R. L., Singh, A. Singh, T., & Sharma, C. 2010. Effect of weeds on the yield of wheat crop in Tehsil Nowshera. *Journal of American Science.* **6: 405-407.**

Dash, R.R. e Mishra, M. M. 2014. Bioeficácia do halossulfurão-metilo contra juncos em cabaça de garrafa *Indian Journal of Weed Science* **46**: 267-269.

Dass, S., Kumar, A., Jat, S. L., Parihar, C. M., Singh, A. K., Chikkappa, G. K. e Jat, M. L. 2012. O milho tem potencial para a diversificação e a segurança dos meios de subsistência. *Indian Journal of Agronomy* **57**: 32-37.

Doganlsik, Husrev Meannan, Bekir Bukan, Ahmet, O.Z e Mathieu ngouzjio. 2006. O período crítico para o controlo de infestantes no milho na Turquia. *Weed Technology.* **20**: 867-872.

Donald, C.M. e Hamblin, J. 1976. O rendimento biológico e o índice de colheita dos cereais como critérios agronómicos e de melhoramento vegetal. *Avanços em Agronomia.* **28 : 361-405.**

Gatzweiler, E. H., Krahmer, E., Hacker, M., Hills, K., Trabold e Bonfig-Picard, G. 2012. Espectro de ervas daninhas e seletividade de tembotrione em diferentes condições ambientais. *25[a]*

Conferência Alemã sobre Biologia e Controlo de Ervas Daninhas, Alemanha. 13-15 de março. 434: 385.

Gill, G.S e Vijay Kumar, K. 1969. "Índice de ervas daninhas" Um novo método para relatar ensaios de controlo de ervas daninhas. *Indian Journal of Agronomy.* **14**: 96-98.

Gill, H. S. L. S. Brar, e S. P. Walia, (1985). Eficiência da atrazina e de outros herbicidas no controlo de infestantes no milho (Zea Mays L.). *Indian Journal of Weed Science.* **17**: 35-39.

Glowacka, A. 2011. Ervas daninhas dominantes no milho (*Zea mays L.)* cultivado e sua competitividade sob a condição de vários métodos de controlo de ervas daninhas. *Ata Agrobotanica.* **64**: 119-126.

Gomez, A.A. e Gomez, A.A. 1984. Statistical procedures for Agricultural Researche (2nd ed.). Johan Wiley and Sons. Singapura.

Gopinath, K.A e Kundu, S. 2008. Efeito da dose e do tempo de aplicação de atrazina nas ervas daninhas do milho (*Zea mays* L.) em condições de colina média do Noroeste dos Himalaias. *Indian Journal of Agriculture Science.* **48**: 254-257.

Green, J.M.1989. Antagonismo de herbicidas ao nível da planta. *Tecnologia das infestantes* **3**: 217-226.

Gupta, O.P. 2008. Fuctional features of some currently used herbicides. Terceira edição revista, Modern Weed Management p. 245.

Hatzios, K.K. e Penner, D. 1985. Interação de herbicidas com outros agroquímicos em plantas superiores. *Ciência das infestantes* **1**:1-6.

Hawaldar, S. e Agasimani, C.A. 2011. Efeito dos herbicidas no controlo de ervas daninhas e na produtividade do milho (Zea mays L.). Karnataka Journal of Agricultural Science, 25: 137-139.

Idziak, R., e Woznica, Z. 2014. Impacto dos tempos de aplicação de tembotrione e flufenacet mais isoxaflutole, taxas e tipo de adjuvante nas ervas daninhas e no rendimento do milho. *Revista Chilena de Pesquisa Agrícola.74:* 2. I

IIMR 2015b. Manejo de ervas daninhas no sistema de milho em Shrinagar. In: Relatório Anual de Progresso, Projeto de Investigação Coordenada em Milho de toda a Índia, Instituto Indiano de Investigação do Milho, IARI, Nova Deli: A-153.

IIMR 2015c. Manejo de ervas daninhas no sistema de milho em Karnal. In: Relatório Anual de Progresso, Projeto de Investigação Coordenada em Milho de toda a Índia, Instituto Indiano de Investigação do Milho, IARI, Nova Deli: A-155.

IIMR 2015d. Manejo de ervas daninhas no sistema de milho em Ludiana. In: Relatório Anual de Progresso, Projeto de Investigação Coordenada em Milho de toda a Índia, Instituto Indiano de Investigação do Milho, IARI, Nova Deli: A-156.

IIMR 2015e. Manejo de plantas daninhas no sistema de milho em Bahraich. In: Relatório Anual de Progresso, Projeto de Investigação Coordenada em Milho de toda a Índia, Instituto Indiano de Investigação do Milho, IARI, Nova Deli: A-162.

IIMR 2015f. Manejo de ervas daninhas no sistema de milho em Udaipur. In: Relatório Anual de Progresso, Projeto de Investigação Coordenada em Milho de toda a Índia, Instituto Indiano de Investigação do Milho, IARI, Nova Deli: A-176.

IIMR 2015g. Manejo de ervas daninhas no sistema de milho em karnal. In: Relatório Anual de Progresso, Projeto de Investigação Coordenada em Milho de toda a Índia, Instituto Indiano de Investigação do Milho, IARI, Nova Deli: A-155.

IIMR 2015a. Manejo de plantas daninhas no sistema de milho em Bajaura. In: Relatório Anual de Progresso, Projeto de Investigação Coordenada em Milho de toda a Índia, Instituto Indiano de Investigação do Milho, IARI, Nova Deli: A-151.

Jackson, M.L. 1973. Soil Chemical Analysis. Prentice Hall of India Pvt. Ltd. New Delhi.

Jonathon, R., Kohrt e Christy, L., Sprague. 2013. A altura das ervas daninhas e a inclusão de atrazina influenciam o controle do amaranto de Palmer resistente a múltiplas resistências com inibidores de HPPD. *Tecnologia de ervas daninhas.* **43**: 2.

Joseph, D., Bollman, M., Boerboom, Roger, L., Becker e Fritz. 2008. Eficácia e tolerância a herbicidas inibidores da HPPD em milho doce. *Weed Technology.* **22**:666-674.

Kamaiah, I., Kumar, B. N. e Babu, R. 2014 Eficácia da mistura de herbicidas em tanque para o controlo de ervas daninhas no milho *Tendências em biociências* **7**: 1835-1838.

Kamble, T. C., Kakade, S.U., Nemade, S.U., Pawar, R.V. e Apotikar, V. A. 2005. Uma gestão integrada das infestantes no milho híbrido. *Crop Research Hisar,* **29**: 396400.

Kandasamy, O.S. e Chandrasekhar, C. N. 1998. Eficácia comparativa de métodos químicos e não químicos de gestão de infestantes no milho de sequeiro (*Zea mays* L.). *Indian Journal of Weed Science* **30**: 201-203.

Kannan, R. L., Dhivya, M., Abinaya, D., Krishna, R. L. e kumar, S. K. 2013. Efeito da Gestão Integrada de Nutrientes na Fertilidade do Solo e Produtividade do Milho. Boletim de Meio Ambiente, Farmacologia e Ciências da Vida, **2**: 61-67.

Kannur, M. S. 2008. Efeito da aplicação sequencial de herbicidas no milho (*Zea mays* **L.) na zona de transição norte de Karnataka.** *Tese de Mestrado (Agricultura).* Universidade de Agricultura. Ciência. Dharwad, Karnataka (Índia).

Khan, B.M., N. Khan e I.A. Khan. 2003. Eficácia de diferentes herbicidas no rendimento e nos componentes do rendimento do milho. *Asian Network for Scientific Information,* **3**: 300-304.

Khan, M. B., Hussain, N., & Iqbal, M. 2000. Effect of water stress on growth and yield components of maize variety YHS 202. *Jornal de Investigação (ciência),* Universidade Bahauddin Zakariya, Multan, Paquistão. **12**: 15-16.

Korpoff, M.J. 1993. Mechanical of competition for light In: M.J. Korpoff and H.H. Vanlar (ed.) Modelling Crop weed interaction CAB, International and IRRI, Manila, Philippines.

Kumar, S., Rana, S.S., Chander, N e Angiras, N. 2012. Gestão de ervas daninhas resistentes no milho em condições de meia-colina de Himachal Pradesh. *Indian Journal of Weed Science* **44**: 11-17.

Kumari, G. A., Sanjay, M.T., Ramachandra Prasad, T.V., Devendra, R.D., Rekna, M.B e Munirathamma, C.M. 2014. Rendimento e atributos de rendimento do milho influenciados por diferentes práticas de gestão. *Conferência bienal sobre "Desafio emergente no manejo de ervas daninhas", organizada pela Sociedade Indiana de Ciência das Plantas Daninhas.* 15-17, fevereiro, 2014.

Larger, R. H. M. e Hill, G. D. 1991. *Agricultural Plants,* Second Edition, Cambridge University Press, New York, USA. pp.387.

Lindner, R.C. 1944. Método analítico rápido para algumas das substâncias mais comuns das plantas e do solo. *Fisiologia Vegetal* **19**: 76-84.

Mabasa, S., Rambakudzibga, A.M., Ndebele, O., e Bwakaya, F. 1995. A survey of maize production practices in three communal areas of Zimbabwe. *Documento apresentado na reunião da Rede Rockefeller de Fertilidade do Solo,* 17-21 de julho de 1995, Kadoma, Zimbabué.

Madhavi, M., Ramprkakash, T., Srinivas, A., e Yakadari, M. 2013. Manejo integrado de ervas daninhas no milho para apoiar a segurança alimentar em Andhra Pradesh, Índia. O papel da ciência das ervas daninhas no apoio à segurança alimentar até 2020, processo de 24th
Conferência da Sociedade Asiática da Ciência das Plantas Daninhas, Bandung, Indonésia. pp.510516.

Madhavi, M., Ramprakash, T., Srinivas, A e Yakadri, M. 2014.Topramezone (33,6% SC) + Atrazine (50%) WP tanque misturar eficácia no milho. *Conferência bienal sobre "Desafio emergente na gestão de ervas daninhas" Organizado pela Sociedade Indiana de Ciência das ervas daninhas.* 15-17, fevereiro. milho em condições de meia-colina de Himachal Pradesh. *Indian Journal of Weed Science* **44**: 11-17.

Mahadi. M.A., Dadri. S.A., Mahmud. M., Baba ji. B.A. e Mani. H. 2007. Efeito de alguns herbicidas à base de arroz no rendimento e na componente de rendimento do milho. *Proteção das culturas.* **26**: 1601-1605.

Malviya, A e Singh, B. 2007. Dinâmica das ervas daninhas, produtividade e economia do milho (*Zea mays* L.) como efeito da gestão integrada das ervas daninhas em condições de sequeiro. *Indian Journal of Agronomy.* **52**: 321-324.

Mani, V.S., Pandita, M.S., Gautam, K.C. e Das, B. 1973. Produtos químicos para matar ervas daninhas na cultura do trigo. *PANS* **23**: 17-18.

Martin, M., Williams II, Boydston, R.A., Peachey R.Ed., e Robinson, D. 2011. Significado da atrazina como um parceiro de mistura de tanque com tembotrione. *Tecnologia de ervas daninhas.* **25**: 299-302.

Mehmeti, A., Demaj, A., Sherifi, R. 2011. Crescimento e produtividade de ervas daninhas em dois sistemas de produção de culturas de milho. *Herbologia,* **12**: 105-112.

Montgomery, E. C. 1911. Estudos de correlação de moedas. Neb. *Agric. Exp. Sta. Ann. Resp.* Pp. 109-159.

Mundra, S.L., Vyas, A.K. e Maliwal, P.L. 2002. Effect of weed and nutrient management on nutrient uptake by maize and weeds. *Indian Journal of Agronomy* **47**: 378-383.

Oerke, E.C e Dehne, H.W. 2004. Salvaguarda das perdas de produção nas principais culturas e o papel da proteção das culturas. *Proteção das culturas.* **23**: 275-85.

Olsen, S.R., Cole, C.W., Wathade, F.S. e Dean, L.A. 1954. Estimativa do fósforo disponível no solo por extração com NaHCO3. *Circular do USDA,* 1969: pp. 931.

Pandey, A. K., Prakash, V., Singh, P., Prakash, K., Singh, R. D., & Mani, V. P. 2001. Integrated weed management in maize, *Indian journal of Agronomy.* **46**: 260265.

Panse, V.G. e Sukhatme, P.V. 1989. Statistical method for agricultural workers ICAR , New Delhi.

Parihar, C.M., Jat, S.L., Singh, A.K., Kumar, A., Chhipa, K.G, Kumar, B., Singh, K., Sharma, S. e Kumar, S. 2012. Boletim do Milho. Projeto de Investigação Coordenada de Milho de toda a Índia, Direção de Investigação de Milho, IARI, Nova Deli.

Patel, V. J., Upadhyay, P.N., Patel, J.B e Meisuriya, M.I. 2006. Efeito da mistura de herbicidas sobre as ervas daninhas no milho *kharif (Zea mays* L.) em condições médias de Gujarat. *Indian Journal of Weed science.* **38**: 54-57.

Patel, V.J., Upadhyay, P. N., Patel, J. B. e Patel, B. D. 2006. Avaliação de misturas de herbicidas para controlo de ervas daninhas no milho (*Zea mays* l.) em condições médias de Gujarat. *The Journal of Agricultural Sciences* **2**: 81-86.

Piper, C.S. 1950. Soil and plant analysis. Inter Science Publisher. Inc. New York.

Prajapati, M.P., Patel, H.A., Prajapati, B.H. e Patel, L.R. 2004.Studies on nutrient uptake and yield of French bean *(phaseolus vulgare}* as affected by weed control methods and nitrogen level. Legume research **27**: 99-102.

Praveen, V.L. e Murthy, V.B. 2005. Eficiência relativa dos herbicidas no sistema de cultivo intercalar de milho + feijão-frade para forragem verde. 2005. *Indian Journal of Agronomy.* **37**: 123-125.

Rao, V.S.P. & Rao, V.S. 2000. *Principles of Weed Science, Technology and Engineering.* Publicação científica, 59-67,116-121.

Rathika, S., Chinnusamy, C., e Ramesh, T., 2013. Eficiência do halosulfurão-metilo no controlo de ervas daninhas na cana-de-açúcar. *Revista Internacional de Agricultura, Meio Ambiente e Biotecnologia* **6**: 611-616.

Reddy, D.A e Tyagi, S.K. 2005. Gestão integrada de ervas daninhas no sistema de cultivo de milho e amendoim. *Agricultural Reviews.* **26**: 235-248.

Redford, P.J. 1967. Formulário de análise de crescimento, seu uso e abuso. *Crop Science* **7**: 171-175.

Richard, L. A. 1968. Diagnosis and improvement of saline and alkaline soil (Diagnóstico e melhoramento de solos salinos e alcalinos). Hand Book No. 60, Oxford and IBH Publishing Co., New Delhi.

Richards, L.A. 1968. Diagnosis and improvement of saline and alkaline soils, User Handbook No. 60, Oxford and IBH Pub. Co., New Delhi.

Savary, S., Willocquet, L., Elazegui, F. A., Castilla, N. P., & Teng, P. S. 2000. Rice pest constraints in tropical Asia: quantification of yield losses due to rice pests in a range of production situations. *Plant Disease.* **84**: 357-369.

Shankar, K.A., Yogeesh, L.N., Prashanth, S. M., Channabasavanna, A.S. e Channagoudar, R.F. 2015. Efeito das práticas de gestão de ervas daninhas no crescimento de ervas daninhas e no rendimento do milho. *Revista Internacional de Ciência, Meio Ambiente e Tecnologia.* **4**:

1540 - 1545.

Shantveerayya, H. e Agasimani, C. A., 2012, Effect of herbicides on weed control and productivity of maize (*Zea mays* L.). *Karnataka Journal of Agriculture Science.* **25**:137-139.

Shantveerayya. H., e Agasimani. C. A., 2012, Efeito dos herbicidas no controlo de ervas daninhas e produtividade do milho (*Zea mays* L.) *Karnataka Journal of Agriculture Science.* **25**: 137-139.

Sharma, R. 2005. Integrated weed management in *kharif* **maize.** *Agricultura Intensiva,* maio-junho 6-9.

Sharma, R. e Pankaj. 2013. Efeito direto e residual de diferentes herbicidas aplicados no milho (*Zea mays*) **sobre a dinâmica das ervas daninhas e a produtividade do milho e do trigo seguinte** *(Triticum aestivum). Jornal Indiano de Ciências Agrícolas,* **83**: 77-82.

Singh V. P., Guru, S.K., Kumar, A., Akshita, B. e Tripathi, N. 2012. Bioeficácia da tembotriona contra o complexo misto de ervas daninhas no milho. *Jornal Indiano de Ciência das Plantas Daninhas* **44**: 1-5.

Singh, A.K., Parihar, C.M., Jat, S.L., Singh, B. e Sharma, S. 2015. Efeito na dinâmica das ervas daninhas, produtividade e economia do sistema de cultivo de milho-trigo *(Triticum aestivum)* **nas planícies indo-gangéticas.** *Jornal Indiano de Ciências Agrícolas* **85**: 87-92.

Singh, C. M., Angiras, N. N. e Kumar, S. 1996. *Weeds management in crops* In field crops, MD Publications Pvt. Ltd. pp 1-152.

Singh, M., Singh, P. e Nepalia, V. 2005. Estudos de gestão integrada de infestantes no sistema de culturas intercalares à base de milho. Indian Journal of Weed Science **37**: 205-208.

Singh, S. e Shoeran, P. 2008. Estudos sobre práticas integradas de gestão de infestantes no milho de sequeiro em condições sub-montanhosas. *Indian Journal of Dryland Agriculture Research and Development.* **23**: 6-9.

Singh, S., Walia, U. S., Kaur, R. e Shergill, L.S. 2010. Controlo químico de *Cyperus rotundus* em milho. . *Indian Journal of Weed Science* **42**: 189-192.

Sinha. S. P., Prasad. S. M. e Singh. S. J. 2005. Nutrient utilization by winter maize and weeds as influenced by integrated weed management. *Indian Journal of Agronomy.* **50**: 303-304.

Sreenivas, G. e Satyanarayana, V. 1996. Remoção de nutrientes por ervas daninhas e milho (Zea mays L). *Indian Journal of Agronomy* **41**: 160-162.

Subbiah, B.V. e Asija, G.L. 1956. Um procedimento rápido para a estimativa do azoto disponível no solo. *Ciência Atual* **27**: 259-260.

Sunitha. N., Maheshwara R.P. e Malleswari 2010. Efeito da manipulação cultural e das práticas de gestão das infestantes na dinâmica das infestantes e no desempenho do milho doce (*Zea mays* L.). *Indian Journal of Weed Science.* **42**: 184-188.

Swetha, K., Madhavi, M., Pratibha. G. e Ramprakash T. 2015. Manejo de ervas daninhas com herbicidas de nova geração em milho. *Jornal indiano de ciência das ervas daninhas* **47**: 432-433.

Thakur, D.R. e Sharma, V. 1996. Integrated weed management in rainfed maize. *Indian Journal of Weed Science* **28**: 207-208.

Ullah, W., Khan, M.A., Sadiq, M., Rehman, H., Nawaz, A e Sher, M.A. 2008. Impacto da gestão integrada das infestantes nas infestantes e no rendimento do milho. *Jornal paquistanês de pesquisa científica sobre ervas daninhas.* **14**: 141-151.

Waddington, M. A. e Young, B. G. 2006. Interacções de herbicidas e adjuvantes com AE no controlo de gramíneas em pós-emergência. *Weed Science* **61**: 108-115.

Walia, U.S., Brar, L.S., Singh, B. 2005. Recomendações para o controlo de ervas daninhas em culturas de campo. Boletim de Investigação. Departamento de Agronomia. PAU, Ludhiana.pp.5.

Walia, U.S., Surjit Singh e Buta Singh. 2007. Controlo integrado de ervas daninhas resistentes no milho *(Zea mays* L.). *Indian. Journal of Weed Science.* **39**: 17-20.

Walkley, A. e Black, I.A. 1934. An examination of Degtjareff method for determining soil organic matter and a proposed modification of the chromic acid titration method. *Soil Science* **37**: 29-37.

Watson, D.K. 1947. Comarative physiological studies on the growth of field crops variation in NAR and leaf area between species and varieties. *Annals of Botany.* 11: 41-76.

Woodyard, A.J., Bollero, G.A., e Riechers, D.E. 2009. Manejo de ervas daninhas de folha larga no milho utilizando combinações sinérgicas de herbicidas de pós-emergência. *Tecnologia de Ervas Daninhas* 23: 512-518.

Yakadri, M., Rani P.L., Prakash T.R., Madhavi, M. e Mahesh, N. 2015. Gestão de ervas daninhas em milho zero till. *Indian Journal of Weed Science* 47: 240-245.

Zhang, J., Hamill, A.S. e Weaver, S.E. 1995. Antagonismo e sinergismo entre herbicidas: Tendências de estudos anteriores. *Tecnologia das infestantes* 9: 86-90.

Zimdahl, R.L. 2007. *Fundamentals of Weed Science,* (3rd Ed). Academic Press, 53- 55.

Ziska, L. H. & Dukes, J. S. 2011. Weed Biology and Climate Change. John Wiley and Sons, Nova Iorque. Pp.45-46

Apêndice I

Densidade de ervas daninhas gramíneas e de folhas largas aos 30 e 60 DAS (m^2) no milho.

Fonte de variação	d.f.	MSS			
		Erva daninha		Erva daninha de folha larga	
		30 DAS	60 DAS	30 DAS	60 DAS
Replicação	2	42.72	30.45	32.82	73.28
Tratamentos	9	7749.34	8811.32	744.57	762.21
Erro	18	46.52	77.89	47.34	43.57
CV (%)		15.95	18.90	24.00	18.00

* Significativo ao nível de 5 % de significância

Apêndice-II

Análise de variância para a acumulação de matéria seca de gramíneas e de folhosas aos 30, 60 DAS e na colheita

Fonte de variação	d.f.	MSS					
		30 DAS		60DAS		Na colheita	
		Erva daninha	Erva daninha de folha larga	Erva daninha	Erva daninha de folha larga	Erva daninha	Erva daninha de folha larga
Replicação	2	20.62	6.12	2.40	4.56	10.17	0.95
Tratamentos	9	1179.56	101.89	1764.62	106.54	1658.84	118.51
Erro	18	8.75	3.38	8.45	4.34	8.54	4.79
CV (%)		15.37	17.16	11.68	13.71	12.26	16.61

* Significativo ao nível de 5 % de significância

Apêndice-III

Análise de variância para a eficiência do controlo das infestantes e o índice de infestantes

Fonte de variação	d.f.	MSS		
		Eficiência do controlo das infestantes		Índice de infestantes
		30 DAS	60 DAS	
Replicação	2	78.19	44.45	267.81
Tratamentos	9	3383.80	2965.83	1182.26
Erro	18	29.20	23.44	75.85
CV (%)		9.36	8.84	33.65

Significativo ao nível de 5 % de significância

Apêndice-IV

Análise de variância para a absorção de nutrientes pelas ervas daninhas na colheita

Fonte de variação	d.f.	MSS		
		N	P	K
Replicação	2	0.89	0.20	1.12
Tratamentos	9	98.64	2.20	207.78
Erro	18	1.51	0.11	2.87
CV (%)		16.84	28.8	15.80

Apêndice-V

Análise de variância para população de plantas aos 25 DAS e na colheita e   altura das plantas aos 30, 60 DAS e na colheita

Fonte de variação	d.f.	MSS				
		População de plantas		Altura da planta		
		25 DAS	AT Colheita	30 DAS	60 DAS	na colheita
Replicação	2	2.36	3.29	14.80	23.53	115.23
Tratamentos	9	30.31	31.99	91.29	1209.93	408.27
Erro	18	15.60	16.23	15.06	223.66	164.99
CV (%)		6.88	7.00	7.42	7.54	6.01

Apêndice-VI

Análise de variância para a acumulação de matéria seca aos 30, 60 DAS & na colheita e dias até 50% de desponta e silagem

Fonte de variação	d.f.	MSS				
		Acumulação de matéria seca das infestantes			Dias até 50% de borla e de serapilheira	
		30 DAS	60 DAS	Na colheita	Borla	Slking
Replicação	2	0.64	8.58	49.96	1.20	1.43

Tratamentos	9	19.78	96.71	121.33	2.06	1.91
Erro	18	1.52	15.82	45.78	1.24	1.54
CV (%)		7.51	6.67	3.30	2.12	2.07

* Significativo ao nível de 5 % de significância

Apêndice-VII
Análise de variância para a fitotoxicidade dos herbicidas na cultura aos 32, 39 e 46 DAS

Fonte de variação	d.f.	MSS		
		32 DAS	**39 DAS**	**46 DAS**
Replicação	2	1.20	0.19	0.01
Tratamentos	9	3.87	0.07	0.08
Erro	18	1.64	0.06	0.04
CV (%)		160.29	269.1	285

* Significativo ao nível de 5 % de significância

Apêndice-VIII
Análise de variância para LAI aos 30 e 60 DAS e CGR e RGR entre 30-60 DAS

Fonte de variação	d.f.	MSS			
		LAI		**CGR**	**RGR**
		30 DAS	**60 DAS**	**30-60 DAS**	**30-60 DAS**
Replicação	2	0.01	0.01	0.68	0.0000003
Tratamentos	9	0.02	0.05	3.41	0.0000055
Erro	18	0.01	0.01	1.37	0.0000068
CV (%)		6.37	2.63	12.20	14.23

* Significativo ao nível de 5 % de significância

Apêndice-IX
Análise de variância para o número de espigas de grão 1, peso da planta de grão 1, peso da planta de espiga e número de plantas de espiga

Fonte de	d.f.	MSS

variação		Número de espigas de cereais⁻	Peso da planta de cereais⁻	Planta de peso de espiga	Espiga de número . Uma planta
Replicação	2	182.33	3.21	89.61	0.00037
Tratamentos	9	165.84	121.87	376.79	0.00089
Erro	18	64.65	20.34	143.34	0.00040
CV (%)		3.06	4.31	6.33	1.84

* Significativo ao nível de 5 % de significância

Apêndice-X

Análise de variância para o comprimento da espiga, a circunferência da espiga, o peso de ensaio e a percentagem de descasque

Fonte de variação   **d.f.**   **MSS**

	d.f.	Rendimento de grãos	Rendimento do caule	Rendimento biológico	Índice de colheita
Replicação	2	53055.10	574023.43	283108.13	5.88
Tratamentos	9	2690588.36	7949607.91	19857597.05	16.06
Erro	18	171644.88	299432.43	522050.32	4.31
CV (%)		11.70	10.41	8.32	5.41

Significativo ao nível de 5 % de significância

Apêndice-XI

Análise de variância para o rendimento de grãos (kg ha 1), rendimento de palha (kg ha 1), rendimento biológico (kg ha⁻) e índice de colheita (%)

Fonte de variação	d.f.			MSS	
		Comprimento da espiga	Perímetro da espiga	Peso de ensaio	Percentagem de descasque
Replicação	2	0.09	0.01	259.34	19.97
Tratamentos	9	3.03	2.28	1603.31	145.84

Erro	18	1.10	0.94	53.38	12.03
CV (%)		6.68	7.93	3.01	4.65

* Significativo ao nível de 5 % de significância

Apêndice-XII

Análise de variância para o teor de nutrientes (N, P e K) no grão e no caule aquando da colheita

Fonte de variação	d.f.	MSS					
		Teor de nutrientes no grão			Teor de nutrientes no stover		
		N	P	K	N	P	K
Replicação	2	0.001	0.00013	0.0001	0.0001	0.00003	0.002
Tratamentos	9	0.007	0.00073	0.0001	0.0012	0.00003	0.006
Erro	18	0.004	0.00030	0.0001	0.0006	0.00001	0.003
CV (%)		3.42	5.03	2.89	3.25	3.24	3.95

* Significativo ao nível de 5 % de significância

Apêndice-XIII

Análise de variância para a absorção de nutrientes (N, P e K) no grão e no caule aquando da colheita

* Significativo ao nível de 5 % de significância

Apêndice-XIV

Análise de variância para a absorção total de nutrientes (N, P e K) pelas plantas (kg ha⁻) e teor de proteínas no grão aquando da colheita

Fonte de variação	d.f.	MSS			
		Absorção de N	Absorção de P	Absorção de K	Teor de proteínas
Replicação	2	7.42	0.20	140.57	0.06
Tratamentos	9	2863.23	97.39	2344.35	0.29
Erro	18	99.61	3.71	96.24	0.14
CV (%)		9.76	10.37	11.40	3.42

* Significativo ao nível de 5 % de significância

Apêndice-XV
Análise de variância para rendimentos líquidos e rácio custo-benefício

Fonte de variação	d.f.	Absorção de nutrientes no grão			Absorção de nutrientes no stover		
		N	P	K	N	P	K
Replicação	2	5.76	1.60	1.03	26.07	1.25	165.10
Tratamentos	9	984.70	39.86	40.36	493.73	12.73	1771.02
Erro	18	68.27	3.11	1.84	14.05	0.49	90.21
CV (%)		13.11	14.38	10.43	9.57	11.10	13

* Significativo ao nível de 5 % de significância

Fonte de variação	d.f.	Rendimentos líquidos	Rácio benefício-custo
Replicações	2	5535594.00	0.01
Tratamentos	9	878718708.02	2.14
Erro	18	46379272.41	0.09
CV (%)		15.25	14.71

Apêndice XVI: Custo de cultivo (' ha^{-1}) e preços utilizados para calcular os custos económicos do milho

S.N.		Custo unitário (')	Custo (' ha-)^1
A	**Custo comum da cultura**		
1.	Preparação do campo (6 horas)	600	3600
2.	Traçado e colocação de caixotes (10 dias-homem)	190	1900
3.	Custo das sementes	25 kg^{-1}	500
4.	Ureia (para 90 kg N)	6 kg^1	1170
5.	SSP (para 30 kg de P2O5)	7,30 kg^{-1}	1368
6.	Sementeira e aplicação de fertilizantes (3 homens da y)	190	1140
7.	Desbaste (3 homens por dia)	190	570
8.	Cobertura de ureia (2 homens/dia)	190	380
9.	Custo dos insecticidas	350	350
10.	Carga de pulverização (2 homens por dia)	190	380
11.	Irrigação (um)	300	300
12.	Colheita (12 homens por dia)	190	2280
13.	Descasque da espiga	190	1520
14.	Descasque (6 horas de trator)	300	1800
15.	Desfolhamento (3 homens por dia)	190	570
16.	Diversos	522	522
	Custo total		18350
B	**Custo do tratamento**		
T1	Controlo (infestante)	00	18350
T2	Sem ervas daninhas	40 Homem dia	7600
T3	Atrazina 1,5 kg ha PE	600 (pulverização de 2 homens por dia)	980
T4	Atrazina 0,75 kg ha^1 + pendimetalina PE0,75 kg ha^{-1}	675 (pulverização de 2 homens por dia)	1055
T5	Atrazina 1,5 kg ha^1 PE *fb* 2, 4-D 0,4 kg ha^1 PoE aos 25 DAS	744 (2 homens por dia de pulverização)	1124
T6	Halossulfurão 0,09 kg ha^1 PoE a 25 DAS	6352 (pulverização de 2 homens por dia)	6732
T7	Atrazina 1,5 kg ha^1 PE *fb* halosulfurão 0,09 kg ha^{-1} PoE aos 25 DAS	6953 (pulverização de 2 homens por dia)	7333

T8	Tembotriona 0,12 kg ha^1 PoE a 25 DAS	1670 (pulverização de 2 homens por dia)	2050
T9	Pendimetalina 1,0 kg ha^1 *PEfb* atrazina 0,75 kg ha^1 + 2,4-D amina 0,4 kg ha^1 PoE a 25 DAS	1425 (pulverização de 2 homens por dia)	1805
T10	Atrazina 1,5 kg haPE *fb* tembotriona 0,12 kg ha^{-1} PoE a 25 DAS	2270 (pulverização de 2 homens por dia)	2650
C	**Custo de venda (' q)^1**		
	Grãos	1600	
	Stover	180	

Apêndice XVII: Economia dos tratamentos

S.N.	Tratamentos	Rendimento bruto (' ha")^1	Rendimento líquido (' ha")^1	Custo total do custo (' ha")^1	Rácio B C
1	**Controlo (infestante)**	26038.13	7688	18350.00	0.42
2	**Sem ervas daninhas**	89523.93	63574	25950.00	2.45
3	**Atrazina1,5 kg ha^1 PE**	70509.33	51179	19330.00	2.65
4	**Atrazina 0,75kgha^1 + pendimetalina 0,75 kg ha^1 PE**	84750.87	65346	19405.00	3.37
5	**Atrazina 1,5 kg ha^1 PE fb 2, 4-D 0,4 kg ha^1 PoE aos 25 DAS**	72200.73	52727	19474.00	2.71
6	**Halossulfurão 0,09 kg ha^1 PoE a 25 DAS**	63924.53	38843	25082.00	1.55

7	Atrazina 1,5 kg ha^1 PE fb halossulfurão 0,09 kg ha^{-1} PoE aos 25 DAS	68758.60	43076	25683.00	1.68
8	Tembotriona 0,12 kg ha^1 PoE a 25 DAS	47801.07	27401	20400.00	1.34
9	Pendimetalina 1,0 kg ha^1 PE *fb* atrazina 0,75 kg ha^1 + 2,4- D amina 0,4 kg ha^1 PoE a 25 DAS	65900.73	45746	20155.00	2.27
10	Atrazina 1,5 kg ha^1 PE *fb* tembotriona 0,12 kg ha^1 PoE aos 25 DAS	72033.27	51033	21000.00	2.43

I want morebooks!

Buy your books fast and straightforward online - at one of world's fastest growing online book stores! Environmentally sound due to Print-on-Demand technologies.

Buy your books online at
www.morebooks.shop

Compre os seus livros mais rápido e diretamente na internet, em uma das livrarias on-line com o maior crescimento no mundo! Produção que protege o meio ambiente através das tecnologias de impressão sob demanda.

Compre os seus livros on-line em
www.morebooks.shop

Printed by Books on Demand GmbH, Norderstedt / Germany